何堂坤　何绍庚——

著

中国历代科技史

魏晋南北朝科技史

「彩图版」

U0202323

上海科学技术文献出版社
Shanghai Scientific and Technological Literature Press

图书在版编目（CIP）数据

魏晋南北朝科技史 / 何堂坤，何绍庚著 . 一上海：上海科学技术文献出版社，2022

（插图本中国历代科技史 / 殷玮璋主编）

ISBN 978-7-5439-8530-8

Ⅰ. ①魏… Ⅱ. ①何…②何… Ⅲ. ①科学技术—技术史—中国—魏晋南北朝时代—普及读物 Ⅳ. ① N092-49

中国版本图书馆 CIP 数据核字 (2022) 第 037058 号

策划编辑：张　树
责任编辑：王　珺
封面设计：留白文化

魏晋南北朝科技史
WEIJIN NANBEICHAO KEJISHI
何堂坤　何绍庚　　著
出版发行：上海科学技术文献出版社
地　　址：上海市长乐路 746 号
邮政编码：200040
经　　销：全国新华书店
印　　刷：商务印书馆上海印刷有限公司
开　　本：650mm×900mm　1/16
印　　张：16.75
字　　数：207 000
版　　次：2022 年 8 月第 1 版　2022 年 8 月第 1 次印刷
书　　号：ISBN 978-7-5439-8530-8
定　　价：98.00 元
http://www.sstlp.com

目录
contents

一 001—007

魏晋南北朝科技概述

二 008—043

农业和水利技术

三 044-135

手工业技术

四 136-164

建筑技术

五 165-236

科　学

六 237-257

医　学

七　258-260

结　语

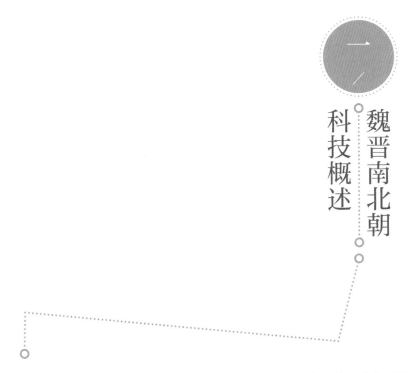

自夏商到明清，我国社会经历了好几个大统一、大团结、大发展的时期，也经历了好几个大分裂、大动荡、大倒退的阶段。魏晋南北朝大约是其中分裂时间较长、动荡最为剧烈、倒退最为厉害的一次。若从东汉灵帝中平元年（184）爆发以张角为首的黄巾起义算起，到隋文帝开皇九年（589）统一全国为止，前后共计405年；即使扣除三国西晋时期的短暂安定，也足足混乱了350年左右的时间。这在人类世界史上，也是十分罕见的。

在这400多年的漫长岁月中，惨重的毁灭性战争接踵而至，首先是东汉末年的军阀混战。黄巾起义被镇压下去后，董卓带兵进入洛阳，他放纵兵士烧杀掠夺，奸淫妇女，又虐刑滥罚，不择手段地消灭异己。初平元年（190）时，董卓挟持汉献帝西迁长安，"尽徙洛阳人数百万口于长安""饥饿寇掠，积尸盈路"，焚烧洛阳及其周围数百里房屋，"二百里内无复子遗"。董卓被杀后，其部将又转相攻杀，烧宫室城门，"二三年间，关中无复人迹"（《后汉书·董卓传》）。之后大大小小的割据势力，又进行了激烈的兼并，他们穷凶极恶地烧杀抢劫，残害生灵，造成了整个中原和关中"白骨露于野，千里无鸡鸣"（《曹操集·蒿里行》）的悲惨景象。第二阶段是西晋末年的"八王之乱"，八大王互相厮杀，你攻我夺，许多城市又遭洗劫和焚毁，数十万人丧生。仅永宁元年（301）司马囧、司马颖与司马伦混战，死者便近10万。战争过程中，洛阳13岁以上的男子全部被迫服役。此乱长达16年，使西晋前期形成的复苏化为乌有。第三阶段是东晋十六国时期，几个少数民族与汉族之间，以及他们相互之间，进行了更为野蛮的屠杀、兼并和混战，无日不战，足足厮杀了130多年，成为中国历史上一次空前的大浩劫。一部《晋书》，尤其是其中的《载记》，都载满了血淋淋的史实。广大人民不死则逃，来不及逃亡的都成了屠杀的对象，出现了"千里无烟爨之气，华夏无冠带之人""白骨横野""僵尸蔽地"的惨状。整个社会已失去自己的全部文明。及至北魏统一北方，才出现了一些安定。

与北方的疯狂兼并、残暴屠杀、造成大量人口惨死的同时，在整个魏晋南北朝时期，都有大量人口南徙。其中既有平民百姓，他们是为了生存；也有士族地主，他们率领宗族部曲南渡，在江南另找安身立命之地，且继续保持骄奢淫逸的生活。西晋末年，士族地主的代表人物王衍便曾向当时掌握朝政大权的东海王司马越建议，选派得力人员去控制南方地盘，并推荐其胞弟王澄出任荆州刺史、族弟王敦出任青州刺史。并"谓澄敦曰：荆州有江汉之固，青州有负海之险，卿二人在外而吾留此，足以为三窟矣"（《晋书·王衍传》）。后来，王敦又转为扬州刺史。王衍的布置代表了北方士族地主急于向南方转移的心情。永嘉元年

（307）七月，司马越任命琅邪王司马睿为安东将军，都督扬州江南诸军事，进驻建邺。建武元年（317）晋愍帝被俘，次年，司马睿正式称帝，江北有名的士族王导便是随司马睿到南方的。不管平民还是士族，迁到南方后都逐渐安定了下来，致使桓温率晋军北伐，收复了洛阳时，上疏要求迁都，建议自永嘉之乱流亡来到江南的士民返回北方，"资其旧业，反其土宇"，充实中原（《晋书·桓温传》），竟遭到了孙绰的反对。

与北方战乱、人口南迁相伴随的，是关中和中原这两个古老的经济中心开始衰落，全国经济重心开始南移。中华民族的文化虽然是以黄河、长江两大河流域为主体的多元文化，但从铜石并用时代开始，它的经济、政治重心一直在中原和关中，或者说一直处于黄河流域。夏、商、周、秦、汉，莫不如此。虽然南方在河姆渡时期、彭头山时期就有了水稻栽培和发达的农业，春秋战国时期，吴、越、楚的出现，都充分显示了南方的潜在实力，但由于各种原因，它一直未曾受到足够的重视。六朝时期，政治中心一直在南方，统治者为了自身的需要，才使之得到了较好的开发。中原人口南迁，又使这开发范围迅速扩展，他们还带来了中原的一些先进生产技术，也促进了南方经济、文化的繁荣。《晋书·庾亮传》："时东土多赋役，而百姓乃从海道入广州，刺史邓岳大开鼓铸，诸夷国因此知造兵器。"此"东土"当指会稽郡，这大体反映了东晋时期岭南手工业发展的一些情况。六朝时期，南方虽然也经历了走马灯似的政权更替，并要应付与北方的战争，但与中原和关中相较，还是较为安定的。安定，就为社会生产的发展提供了良好的机会。

鉴于这一社会状况，与先秦、两汉相较，此期科学技术的发展总体上是处于一个低峰的时期；尤其是三国、西晋和十六国，大体上都沿用了汉代的技术。在考古发掘中，除了孙吴的铜镜外，在整个魏晋南北朝时期精美之器是不多的。但科学技术毕竟是文明社会发展过程中最为活跃的因素，它经常是在十分困难的条件下，在夹缝中求生存、求发展的。一个文明社会需要存在，就要发展生产，就需要科学和技术。所以，魏晋南北朝在科学技术上，仍然取得了一些进步。如农业技术方面，北方已形成了以耕、耙、耱、锄相结合的防旱保墒耕作体系；选种、育种、田间管理和轮作制度都有了较大发展。在水利方面，不但修筑了许多陂塘，而且初步形成了联系江、淮、河、海四大水系的航运网，这对灌溉和漕运显然都具有十分重要的意义。在手工业技术中，南方青瓷迅速推广开来，北魏时期，北方亦烧出了青瓷、黑瓷，接着还成功地烧出了白瓷。由于马钧对绫织机的改革，使花织机生产能力大为提高，绫、锦织成的织造和靛蓝染色都达到了较高水平。此时还发明了翻

木牛流马

是三国时蜀汉丞相诸葛亮发明的运输工具，分为木牛与流马，每日可"特行者数十里，群行三十里"，为蜀汉十万大军运输粮食。

车等排灌机械，水磨、水碾、八转连磨、舂车、磨车等粮食加工机械，发明了木牛流马、帆车、水车等交通航运机械。尤其值得注意的是，此时还发明了一种利用了螺旋桨进行飞行的"飞车"。由于原料的扩展，以及活动帘床抄纸器的发展和各项加工技术的进步，纸的产量和质量都大为提高，使我国最后完成了由简到纸的转变。在天文学方面，人们对岁差和五星运行的不规则性都有了一定认识，开始注意到了视差对交食的影响，对回归年长度、交点月长度，五星会合周期，以及朔望月和近点月长度等一系列重要的天文常数的推算，都已相当精确。在数学方面，刘徽创立了割圆术，把极限概念用到了数学实践中，祖冲之把圆周率 π 符号的有效数字精确到了第七位。在化学方面，由于炼丹术的兴盛，人们对化学变化有了一定认识，并利用人工合成的方式制备了银珠、黄丹（Pb_3O_4），以及砷白铜等物，使炼丹术成了世界化学的鼻祖。在地理学方面，裴秀第一次明确地提出了绘制地图的六条基本原则，确立了我国古代地图学的理论基础。潮汐理论有了发展。在医学方面，此期出现了不少重要的药物学著作，对脉学、针灸学、本草学、方剂学都进行了很好的总结；我国传统医学体系更为完善，这些科学技术中，相当一部分在当时的世界上是遥遥领先的。

但此期科学技术的发展不是很平衡，这主要表现在三方面。一是时间上不平衡。这在北方表现得最为明显。北方最黑暗的是十六国时期，一些稍见重要的科技成就，都是此前和此后出现的。裴秀的"制图六体"，出现于魏晋，《齐民要术》、《水经注》、青瓷、白瓷，大体上都出现于北魏之后。二是地区不平衡。当时最为杰出的天文学家何承天、祖冲之，大炼丹家葛洪，本草学家陶弘景等都是在南方活动的，陶瓷、机械、造纸等技术，亦是南方较为发展；孙吴的海上交通，内河航运机械，都是称著于史的。今在考古发掘中所见铜镜，孙吴镜的工艺水平和艺术价值是较高的。三是学科不甚平衡。部分学科，如农学、天然气开采、陶瓷、纺织、机械、造纸等技术，数学、天文学、化学、地理学、医学等，都有一定发展，而物理学、冶金技术等，则创造性成就不多。

本分卷正文计分五部分，依次为农业技术、水利技术、手工业技术、建筑技术、自然科学、医学，都是依照全书的统一思想编排的。其原意是"技术"在前，"科学"在后；在人类历史上，往往也是"技术"先于"科学"。我国古代的农业技术、手工业技术约发明于公元前8000—10000年，自然科学一般要落后一个时期。"造纸技术"在人类历史上虽然较晚，但它属于手工业范畴，故依然放在"自然科学"之前。所以这种排列次序是相对的。另外，许多章节内容的划分，也是相对的，因有许多学科都是交叉的。如"砷白铜"既可归于"化学"，亦可归入"冶金"，"酿造"既可放入"农业""手工业""化学"，亦可放入"生物"部分，其中的差别只是各学科的侧重点不同。在本书中，"砷白铜"是放在"冶金"部分的，"养蚕"放在"生物"部分，"养蜂"置于"农业"，"酿造"归于"化学"。因篇幅所限，在其他章节一般不再重复或尽量减少重复。

《后汉书》

《后汉书》是南朝刘宋时期历史学家范晔编撰的纪传体史书，与《史记》《汉书》《三国志》并称为"前四史"。该书主要记述了汉光武帝建武元年至汉献帝建安二十五年的史事。

对于"魏晋南北朝"的时间概念，学术界通常是采取一种模糊的做法，从汉献帝建安（196—220）前后算起，到隋文帝开皇元年（581）止。本分卷大体上也是采用这一做法的。历史本来是连续的，有一些人物和事件，也很难把他的时间界限绝对分清，我国古代学者也经常采用这种模糊的做法。晋陈寿在撰写《三国志》时，已分别为董卓、袁绍、袁术、刘表、吕布列传，而刘宋范晔在撰写《后汉书》时，也都一一传之。严格地说，这几个人都应当属于东汉，但他们对于三国时代的形成产生过不可磨灭的作用。所以，范晔和陈寿的做法，都是可以接受的。

二／水利技术农业和

此期北方农业曾遭受到严重的破坏，耕地荒废，粗放式农业有所抬头，相当大一部分耕地转为牧场，中原以种植为主的农业结构和精耕细作的经营方式受到了很人冲击。但由于生活和战争本身的需要，农业技术仍在发展着，并出现了《齐民要术》这样的农业科学技术巨著。它总结了秦汉以来，以耕、耙、耱为中心，以熟土和防旱保墒为目的的耕作技术体系，阐述了轮作、种植绿肥、选育良种、中耕管理等多项技术措施，又对林、牧、副、渔业做了很好的总结，说明北方旱地各项农业生产技术已达较高水平。此期的农田水利以及内河航运事业也有了一定发展，并为隋代南北大运河的开凿打下了良好基础。

（一）农具的改进和耕作技术的发展

由于钢铁冶炼、加工技术的进步和其他手工业技术的发展，汉魏南北朝的农业生产工具有了不少改进，不但原有农具在形制、材质上发生了许多变化，一些汉代发明的先进生产工具进一步推广，而且创造了一些新的品种，使生产分工更细，使用起来更为方便有效。

从刘熙《释名·释用器》的记载来看，汉代较为重要的农具大约只有 10 余种，即犁、耙、锄、镈、耰、耩、锸、镰、铚、枷、钿等；但后魏农学家贾思勰在《齐民要术》一书中谈到的却有 20 种上下，较为重要的有犁（长辕犁、蔚犁）、锹、铁齿镉楼（一字耙）、耢、杷、陆轴、木斫、耧（一脚耧、二脚耧、三脚耧）、窍瓠、锄、锋（锸）、耩、铁齿耙、手拌斫、镰等。毫无疑问，其中一些是汉代不曾使用或使用不广的。在考古发掘中，全国南北许多省份今都有过这一时期的铁制农具出土，虽相当大一部分仍系铸造所成，后再经脱碳退火或石墨化退火处理，但锻制铁农具亦开始流行。1957 年，四川昭化宝轮镇南北朝崖墓出土铁锄 2 件，其形制与宋元时代的无大差异[1]；1965 年，辽宁北票北燕冯素弗墓出土过扁铲 2 件，皆系锻制而成[2]。这种形制和材质的变化，显然是个进步。

在各种农具中，耕作具的发展是最值得注意的。1974 年，河南渑池汉魏铁器窖出土了大量铁农具和铸制农具的铁范，其中犁便有三种，即铁口犁铧（110 件）、铁犁（48 件）、双柄犁（1 件），此外还有翻土用的犁壁（99 件）[3]。三种犁的形制和功能各不相同，铁口犁铧原是一种

---

① 沈仲常：《四川昭化宝轮镇南北朝时期的崖墓》，《考古学报》1959 年第 2 期。

② 黎瑶渤：《辽宁北票县西官营子北燕冯素弗墓》，《文物》1973 年第 3 期。

③ 渑池县文化馆等：《河南渑池发现的窖藏铁器》，《文物》1976 年第 8 期。

"V"字形铸件，装置在木犁架的前端，一起组成铁木复合工具。其优点是可节省铸器用的铁料，犁体亦较轻便。铁犁铧的身部铸有脊棱，可分土拱土；与其配套的犁壁呈矩形。犁壁出土数量如此之多，说明人们对翻土覆土之重视。双柄犁大约只宜于浅耕，以及中耕、除草一类操作。此外，《齐民要术》还谈到了一种蔚犁，《耕田》篇原注云："今济州已西，犹用长辕犁两脚耧。长辕耕平地尚可，于山涧之间，则不任用，且回转至难，费力。未若齐人蔚犁之柔便也。"此说长辕犁只宜于平地，而山涧之

间则不如蔚犁方便。蔚犁的具体形制今已难考，看来应当是此期创制、结构较为合理、重量较轻、使用起来较为方便的短辕犁。由这段记载我们还可看到，由于铁犁不止一种，人们便可依据不同的地理条件，因地制宜，采用不同的犁进行耕作。

此期的播种工具也有较大进步。三国时期，一些先进的耕作播种技术就逐渐推广到了边境地区，嘉平（249—254）中，皇甫隆为敦煌太守，初民不甚晓田耕，"又不晓作耧犁……隆到，教作耧犁……所省庸力过半，得谷加五"（《三国志·魏志·刘劭传》）。至迟北魏，又在汉代三脚耧的基础上，创造出了两脚耧和独脚耧。《齐民要术·耕田》篇原注云："两脚耧种垅概，亦不如一脚耧得中也。"当时还发明过一种叫窍瓠的播种工具，同书《种葱》篇说："两耧重构，窍瓠下之，以批契系腰曳之。"这种工具盛上种子后便被耕种者系于腰间拉着走，将种子播于沟内。

随着生产工具的发展，魏晋南北朝的整个耕作技术都有了一定的提高；在北方，旱地耕作中的犁耙耱技术体系此时已基本形成，人们已在

嘉峪关

嘉峪关位于甘肃省嘉峪关市，又称"天下第一雄关"，是明长城最西端的关口，因地势险要、建筑雄伟有"连陲锁钥"之称。

较大程度上认识到，合理耕作不但可使表土变细变熟，去除杂草，增加肥力，而且可起到防旱保墒的作用。

我国古代耕、耙、耱技术体系至迟形成于魏晋时期。1972—1973年，嘉峪关戈壁滩上发掘清理了8座魏晋墓葬，其中有6座为壁画墓，部分画面上清晰地图示了耕、耙、耱的劳作形象[1]，说明此技术当时使用已广。及至北魏，便有了明确记载。《齐民要术·耕田》篇云："耕荒毕，以铁齿四铺楱再遍耙之，漫掷黍、穄，劳亦再遍。"这里指出了耕耙耱技术体系的基本内容，即耕一遍，耙两遍，耱两遍。

在耕、耙、耱体系中，耕自是最为基本的；犁耕良好，方能进行

---

① 嘉峪关市文物清理小组：《嘉峪关汉画像砖墓》，《文物》1972年第12期。按：实是魏晋墓葬。甘肃省博物馆：《酒泉嘉峪关晋墓的发掘》，《文物》1979年第6期。按：耱，即耢。

如下两道工序。从《齐民要术》的记载可知当时对耕不但积累了相当丰富的经验，而且有了一定的理性认识。在耕地的具体时间上，该书提出了应以保持土中水分为原则。其《耕田》篇云："凡耕高、下田，不问春秋，必须燥湿得所为佳。若水旱不调，宁燥不湿（原注，燥耕虽块，一经得雨，地则粉解；湿耕坚垎，数年不佳。谚曰：'湿耕泽锄，不如归去'，言无益而有损。湿耕者，白背速四镅楼之，亦无伤，否则大恶也）。"所谓"燥湿得所"，即土壤干湿适中，耕作起来不沾犁，阻力小，表土层易于松散。这里既指出了一般原则，又对特殊情况作了具体说明，是一段十分难得的资料。它与《氾胜之书》所云："凡耕之本，在于趣时和土"的精神是一致的，但贾思勰在《齐民要术》中作了许多补充。同书《旱稻》篇云："凡种下田，不问秋夏，候尽，地白背时速耕，耙劳频翻令熟（原注：过燥则坚，过雨则泥，所以宜速耕）。"此对耕地的具体时间又作了进一步说明。关于耕地之深浅，该书认为应依季节不同而异。《耕田》篇云："凡秋耕欲深，春夏欲浅。"这是比较科学的。秋耕深，将新土翻上，经一冬之风化，土壤可渐变熟。春耕因迫近播种，夏耕一般为赶种一季作物，皆宜浅耕，否则，将新土翻上，来不及风化，反有碍作物生长。关于耕地的具体方法，该书提出应依季节和耕地阶段之不同而各有差别。对于秋耕，最值得注意的是两点：一，宜将杂草掩埋于下。《耕田》篇云："秋耕掩青者为上（原注：比至冬月，青草复生者，其美与小豆同也）。"埋下的杂草可作绿肥，其肥效可与小豆媲美。二，若来不及秋耕，则应抓紧时间锋地，铲除田间的谷等茬子，破坏表土毛细管作用，使土壤能保持"润泽而不坚硬"的状态（《耕田》）。对于一般耕作，则应"初耕欲深，转地欲浅（原注：耕不深，地不熟；转不浅，动生土也）"。其理不言自明。

　　此时人们对耕地也有了较深的认识。《齐民要术·耕田》篇原注云："再劳地熟，旱亦保泽也。"说耕耙可以防旱保墒，这认识是相当深刻的。同篇还谈到了耕地的次数和诸多注意事项。说"犁欲廉，劳欲再"，即犁的行距须窄，耙的次数需多，这样才能将表土打碎，使之变熟。同书又说："春既多风，若不辛劳，地必虚燥；秋田湿实，湿劳令地硬。"即是说，在春季，应随耕随耙；在秋季，应耕后待到土壤发白再耙。这样，才可保持土中水分，表土亦不致紧实。

（二）选种育种技术

此期的选种育种技术有了较大进步。至迟北魏，就形成了从选种、留种到建立种子田的一整套管理制度，并培育出了一批耐旱、耐水、免虫，以及矮秆、早熟、高产、味美的优良品种。

《齐民要术·收种》篇云："粟、黍、穄、粱、秫，常岁岁别收，选好穗纯（一作绝）色者，劁刈高悬之，至春，治取别种，以拟明年种子"，"其别种种子，尝须加锄，先治而别埋（原注略去）还以所治穰草蔽窖"。"将种前二十许日，开出，水淘（原注：浮秕去则无莠），即晒令燥，种之"。这三段引文较长，大体谈了三层意思：一是谷类作物须得年年选种，将纯色好穗选出，勿与大田生产之作物混杂。二是对种子田须精耕细作，种前水选，去除杂物；种后加强管理，保证秧苗茁壮成长。三是良种宜单收单藏，须以自身的稿秸来塞住窖口，免得与别种相混。这与今混合选种法是相类的，反映了一种较高的认识水平。

在先进的选种思想指导下，当时已培养出了许多新的品种。西晋郭义恭《广志》中所记已有粟 11 种、稻 13 种；北魏贾思勰《齐民要术》记载的粟增至 86 种，水稻增至 24 种（内含糯稻 11 种），这些分类的主要依据是作物的性状。《齐民要术·种谷》篇云："凡谷，成熟有早晚，苗秆有高下，收实有多少，质性有强弱，米味有美恶，粒实有息耗。"

此"质性"应指耐旱、耐涝、免虫等能力言。这些评价和分类标准虽然十分简单，但与现代科学原理是基本相符的。在此有两点值得注意：第一，当时已认识到了早熟、矮秆作物之优势。同书同篇原注云："早熟者，苗短而收多；晚熟者，苗长而收少。"这是十分卓越的见解。但由于多方面的原因，它却是到了 20 世纪 50 年代，一批矮秆的高产品种培育成功后，才被世人理解并接受。第二，人们已进一步认识到了物性与地域的关系，某些作物只宜于在某地生长和留种，而不宜于在另一地生长和留种。《齐民要术·种蒜》云："今并州无大蒜，朝歌取种，一岁之后，还成百子蒜矣……芜菁根，其大如碗口，虽种他州子，一年亦变大。蒜瓣变小，芜菁根变大，二事相反……并州豌豆，度井陉已东，山东谷子入壶关上党，苗而无实。"这与先秦著作《考工记》所云"橘逾淮北而为枳，鹳鸲不逾济，貉逾汶则死，此地气然也"，其思想应是一脉相承的。

（三）播种、田间管理和防治病虫害技术

魏晋南北朝时，此三方面都积累了相当丰富的经验，认识上亦有了一定提高。

例如播种，当时对播种时间、播种方法、播种量、播种深度，都有了明确记载。其播种时间既须依年景好坏做出总的估价，又要依据节气和物候的迟早、土质肥瘦、墒情等做出具体安排。《齐民要术·种谷》云："播种欲早晚相杂（原注：防岁道有所宜）。有闰之岁，节气近后，宜晚田。然大率欲早，早田倍多于晚。"这里谈到了三方面的情况：一为预防气候变化，应既种早谷，亦种晚谷，不宜只种一种；二是闰年节季稍晚，应当迟种；三是在正常年份，应以早种为佳，早种量应超过晚种量的一倍。但在具体实施上却又有一定分别。《种谷》篇云，谷"二月上

旬及麻菩、杨生种者为上时，三月上旬及清明节桃始花为中时。四月上旬及枣叶生、桑花落为下时"。这是说播种时间与节气和物候的关系。《种谷》篇原注云："良田宜种晚，薄田宜种早。良地非独宜晚，早亦无害；薄地宜早，晚必不成实矣。"这说的是播种具体时间与土质的关系。同篇又说："凡种谷，雨后为佳，遇小雨，宜接湿种。"因"小雨不接湿，无以生禾苗"。这说的是播种时间与墒情的关系。至于播种方法，则应视作物特性和土壤条件而异。同书《小豆》篇云："熟耕，耧下以为良；泽多者耧耩，漫掷而劳之。"即熟耕地以耧下种为好，若地很湿，则应以耩子耩地，撒在沟里摩平。同书《大小麦》篇说："种大小麦，先畤，逐犁掩种者佳"，"其山田及刚强之地，则耩下之"。即种大小麦时，先用犁起土，后随犁点播盖土，山地硬土则用耧子下种。在播种量方面，人们一方面继承了汉代《四民月令》所云"禾，美田欲稠，薄田欲稀"；大、小豆和稻则"美田欲稀，薄田欲稠"的思想，同时认识上又有了扩展。《齐民要术·梁秫》篇云："梁秫并欲薄地而稀"，否则，"地良多雉尾，苗概穗不成"。但《种麻》篇、《黍穄》篇却说麻、黍是应当密植的。播种深度则应视作物种类和播种时期而异。《种谷》篇说："凡春种欲深，宜曳重挞；夏种欲浅。直置自生。"这也是比较科学的。

魏晋南北朝时，人们已进一步认识到了中耕对

锄

锄主要用于耕种、除草和松土，可分为板锄、䦆锄、条锄等，现在依然是农村家庭必备的农具。

松土、除草、保墒的作用，并在旱作中形成了锄、耙、耢、锋、耩五具配套的旱地中耕技术体系。《齐民要术·种谷》篇云："锄不厌数，周而复始，勿以无草而暂停"；"春锄起地，夏为除草"。这都说到了锄地对松土、除草的作用。同篇原注云："锄者非止除草，乃地熟而实多，糠薄米息。锄得十遍，便得八米也。"同书《杂说》篇云："锄耨以时。谚曰：'锄头三寸泽'，此之谓也。"此说中耕不但是为了锄草，而且可以熟土、保墒，提高作物产量和质量。锄得十遍，糠麸变少，可得米八成。人们对水稻和旱稻的中耕也相当重视，说水稻要除草二次，第一次用刀割，第二次用手拔。旱稻亦要多次中耕，遇雨时亦可拔草。尤其值得注意的是，此时还发明了一种水稻烤田法。《齐民要术·水稻》篇云：水稻第二次"薅讫，决去水，曝根令坚，量时水旱而溉之"。这是我国古代关于水稻烤田的最早记载。通过烤田，改善了水稻的土壤条件，可促进根系向纵深发展，使稻株茎秆坚强，防止倒伏。

此期在农业虫害的防治上取得了多项新的进展。人们一方面培育了一些新的免虫品种，另一方面采用了轮作防病栽培法，创造了食物诱杀法，应用了盐水浸种和捕食性天敌除虫，从而为病虫害防治开辟了新的途径。前云，《齐民要术·种谷》篇谈到了86种谷子，其中的朱谷、高居黄等14种除具有早熟、耐旱的特点外，还具有免虫能力，这是我国古代免虫作物品种的最早记载。同书《种瓜》篇说："凡种法，先以水净淘瓜子，以盐和之。"此说以盐水浸种，应具有防治传染病的作用。同篇又说，瓜田"有蚁者，以牛骨带髓者置瓜科左右，待蚁附，将弃之，弃二、三，则无蚁"。这是利用害虫的食性，诱集而歼之。晋嵇含《南方草木状》云："交趾人以席囊贮蚁鬻于市者，其巢如薄絮，囊皆连枝叶，蚁在其中，并巢而卖。蚁赤黄色，大于常蚁。南方柑树若无此蚁，则其实皆为群蠹所伤，无复一完者矣。"这是我国古代利用捕食性天敌昆虫防治农业害虫的最早记载，亦应是"以虫治虫"的生物防治之始。轮作防病栽培法的资料将在下面谈到。

（四）作物制度之发展

此期作物制度的发展主要表现在三个方面，即作物轮作和间作套种制度从实践到理论都有了提高，多熟种植有了进步，创造了绿肥轮作。

在长期的生产实践中，人们已认识到了只有葵、蔓菁等少数作物是可以重茬的，而稻、谷、麻等多数作物皆不宜重茬，必须轮作。这在《齐民要术》的有关篇章都曾提及。《种葵》篇云，葵，"地不厌良，故墟弥善"。《蔓菁》篇云，蔓菁，"种不求多，唯须良地，故墟，新粪，坏墙乃佳"。此"故墟"即重茬地。这是可以连作重茬之例。《种谷》篇说，"谷田必须岁易"，否则"莠多而收薄"。《水稻》篇说，"稻无所缘，唯岁易为良"，否则"草稗俱生，芟亦不死"。《种麻》篇说："麻，欲得良田，不用故墟〔原注：故墟有破（一作点）叶夭折之患，不任作布也〕。"此"破（点）叶"可能是一种病虫害。这是不能重茬之例。由这些记载可知，农作物的合理轮作，不仅有利于消除杂草，减轻病虫害，而且有利于提高作物产量。此麻不得连作说，是我国古代关于轮作防治病虫害的最早记载。贾思勰还在《齐民要术》一书中对黄河流域一些主要作物的轮作顺序作了许多比较研究，认为谷的前茬最好是绿豆和小豆，其次是黍、麻、胡麻，再次是芜菁、大豆；大豆和小豆的前茬最好是谷子和小麦。总之，豆类作物应当是谷类作物的前作，而谷类作物又是豆类作物的良好前作，这就确立了豆、谷轮作的格局。虽古人不曾道出其中奥妙，但它与现代科学原理是完全相符的。因豆类作物根部有根瘤菌，可固定空气中的游离氮。经估算，栽一亩大豆约可由空气中吸收7斤左右的氮素，相当于30多斤硫酸铵。故大豆之后栽麦，一般都要增产的。我国古代的作物轮作制出现较早，但把它当成恢复地力、增加生产的重要技术措施进行研究，却自《齐民要术》始。

我国古代的间、混、套作约始于公元前1世纪，此时人们对如何充分利用地力和阳光，如何发展其互利因素，避免不利因素，都有了进一步的认识。《齐民要术》一书记述了多种间、混作方式。如《种桑柘》篇说桑苗"下常斸掘，种绿豆、小豆"。《种葱》篇云："葱中亦种胡荽，寻手供食，乃至孟冬为菹亦无妨。"这是桑间间作绿豆、小豆，和蔬菜间作之例。《养羊》篇说："羊一千口者，三、四月中，种大豆一顷杂谷，并草留之，不须锄治，八、九月中刈作青茭。"这是说用混播法生产饲养。当时人们对如何选择好间、套、混作物，也积累了丰富的经验。如《种桑柘》篇说，绿豆、小豆，"二豆良美，润泽益桑"。《种瓜》篇说："豆反扇瓜，不得滋茂。"《种麻子》篇说："慎勿于大豆地中，杂

左思
左思是西晋著名文学家，他自幼其貌不扬却才华出众，著有《三都赋》《咏史（八首）》《娇女诗》等。

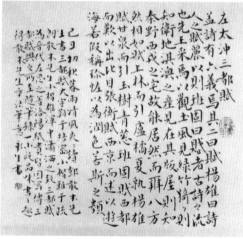

《三都赋》
《三都赋》分别是《魏都赋》《蜀都赋》《吴都赋》。"洛阳纸贵"这个成语描述的就是当时人们竞相抄写《三都赋》的内容，而造成纸张供不应求，纸价上涨的情形。

种麻子（原注：扇地两损而收并薄）"。说明人们对作物间的关系、作物与环境的关系，都有了较深认识。

此时多熟种植在黄河流域和长江流域都有了发展。黄河中下游主要发展了两年三熟制，长江流域则推广了双季稻，个别地方甚至出现了一年三熟。西晋左思《吴都赋》中曾有过"国税再熟之稻"的文字，意即吴国已把再熟稻当成了国家财政税收之一，可知其法使用已广。北魏郦道元《水经注·温水》条也说到了两熟稻："名白田，种白谷，七月火作，十月登熟；名赤田，种赤谷，十二月作，四月登熟，所谓两熟之稻也。"同书《耒水》条还谈到了湘江支流耒水流经的便县（今湖南永兴县）界内有温泉水，在郴县西北，"左右有田数十亩，资之以溉。常以十二月下种，明年三月谷熟。度此冷水，不能生苗，温水所溉，年可三登"[1]。可知当时已利用地热来发展多熟种植了。

此时人们已有意地种植了绿肥，并发展了绿肥轮作。西晋《广志》云："苕草，色青黄，紫华，十二月稻下种之，蔓延殷盛，可以美田。"此"美田"应是改良土壤，增进肥力之意。这是苕草和稻轮作，并以苕草为绿肥，是我国古代绿肥轮作的最早记载。《齐民要术》一书还谈到了谷、瓜、葵、葱等多种作物与绿肥轮作的制度，并提出了多种轮作方案。如《耕田篇》云："凡美田之法，绿豆为上，小豆胡麻次之，悉指五六月中穊种，七月八月犁掩杀之，为春谷田，则亩收十石，其美与蚕矢、熟粪同。"可见绿肥对改良土壤，提高肥力和作物产量具有十分重要的意义。绿肥轮作的出现，说明我国古代农业技术已发展到了相当高的水平，直到公元 6 世纪，欧洲农业还处于比较幼稚的阶段，他们所用为三田制，以休耕方式来恢复地力。

① 王国维：《水经校注》，上海人民出版社 1984 年版。

（五）果树和蔬菜栽培技术

魏晋南北朝时，果树和蔬菜的种类明显增加，种植面积扩大，栽培技术亦有了一定的发展。

果树种类增加的情况在南方表现得最为明显。左思《吴都赋》提到的果树有丹桔、余柑、荔枝、槟榔、龙眼、橄榄等十多种，《齐民要术》谈到的南方果树却达数十种之多。不管南方北方，许多果树都培养出了自己的优良品种，如枣有紫枣（长二寸）、梁国夫人枣、大白枣（小核多肥）、青州乐氏枣（丰肌细核，多膏肥美，为天下第一）等；如梨，有"距鹿豪梨，重六斤，数人分食之"。因南方社会稍较安定，果树种植面积有了不少发展。《三国志》卷四十八《孙休传》裴松之注引《襄阳记》云，李衡"密遣客十人于武陵龙阳（今湖南汉寿县）汜洲上作宅。种柑橘千株……吴末，柑橘成，岁得绢数千匹，家道殷足"。越地也有大面积果木，且成了官府赋税收入之一。《述异记》云："越多橘柚园，越人多橘税，谓之橙户，亦曰桔籍。"

此时在果树繁殖上也积累了丰富的经验，人们依照果树的特点，分别使用了有性繁殖和多种无性繁殖。前者即是种子繁殖，主要用于桃、栗、李等，有的须经移栽，有的无须移栽。《齐民要术·种桃》篇云："桃、柰桃，欲种。"原注云："桃性旱实，三岁便结子，故不求栽也。"这两段文字说明，桃须以种子直接播种，无须移栽。同书《种李》篇云："李欲栽。李性坚，实晚，五岁者始子。是以藉栽，栽者三岁便结子也。"说李直接播种结子晚，一经移栽便可提早开花结果。梨也有类似现象，《种梨》篇说，梨"插者弥疾"，原注亦说"种而不栽者，则著子迟"。移栽时，还需注意各种果木的习性，原生阳地者勿移至阴地，原生阴地者勿移至阳地，否则便很难成活。《种桃》篇云："阳中者，还种阳地；阴中者，还种阴地（原注：若阴阳易也，则难生，生亦不实）。"无性繁殖有扦插、压条、嫁接等。石榴可用扦插法，葡萄可用压条法，梨、柿等则可用嫁接法。

我国古代的嫁接技术在汉代就达到了较高水平，魏晋南北朝又有了进一步提高。并由同属果木（梨和棠、柿）相接发展到了不同科的果木（梨和桑、枣、石榴）相接。嫁接的目的已由单纯提高产量发展到了提早结实和改善产品质量上。人们对接穗和砧木的选择都更为注意，并认识到了所用接穗的部位对结实之早晚等都有一定影响（《齐民要术·种梨》）。

砧木

砧木是指嫁接繁殖时承受接穗的植株，它是果树嫁接苗的基础，它嫁接亲和性好，苗木寿命长，也比较容易培植。

果树种植虽"比之谷田劳逸万倍"，但人们在管理上还是十分注意的，亦积累了丰富的经验。其中最值得注意的是如下几点。

一是嫁枣法，这是减少枣树落花落果、提高坐果率的重要技术措施。《齐民要术·种枣》篇云："正月一日，日出时，反斧斑驳椎之，名曰嫁枣（原注：不椎则花而无实）。""候大蚕入蔟，以杖击其枝间，振去狂花（原注：不打，花繁，不实不成），全赤即收。"经这斧砍杖击后，输往根部的养分通道被打断，阻止了养分之下行，并积留在树冠的果枝上。这应是现代疏果和环状剥皮技术的前身。

二是烟熏防霜法。《齐民要术·栽树》篇云："凡五果，花盛时遭霜，则无子，常预于园中，往往贮恶草生粪，天雨新晴，北风寒彻，是夜必霜，此时放火作煴，少得烟气，则免于霜矣。"此"五果"应即桃、李、梅、杏、枣。此烟熏防霜法至今仍在沿用，但已不限于五果，而是用到了许多农作物上。

三是越冬防寒诸法。如板栗，须裹草防冻。《齐民要术·种栗》篇云："三年内，每到十月，常须草裹。至二月乃解（原注：不裹则冻死）。"又如葡萄，则须埋蔓防冻。同书《种桃》篇原注云，葡萄"性不耐寒，不埋即死"。

魏晋南北朝的蔬菜栽培技术也有了一定的发展，土地利用率提高，对因土种植、园田化耕作以及诸田园管理技术都有了进一步认识。我国古代的蔬菜栽培虽是起源很早，但把它当成一门科学，从播种到收获，对每种蔬菜皆逐一地进行研究，却是始见于《齐民要术》的。

从《氾胜之书》《四民月令》以及有关考古发掘来看，汉代的蔬菜大约只有 20 余种，但此期却达 30 种以上，其中较为重要的有叶菜类的葵（又叫冬寒菜）、菘（白菜）、蜀芥、芸苔（油菜）、苜蓿；瓜类的冬瓜、胡瓜；块根块茎类的芋、芜菁、芦菔（萝卜）；调味的葱、韭、兰香、姜；此外还有茄子、藕等。因一部分蔬菜生长期较短，一年之内种、收次数往往较多，如葵，"一岁之中，凡得三辈"（《种葵》）。韭菜，"一岁之中，不过五剪"（《种韭》）。可见其复种程度是较高的，前面谈到人们已在不同的蔬菜间互相套种，此外，很可能还在大田作物中进行了套种。同书卷首《杂说》篇谈到了城郊五亩地的一个经营实例。其中种植了葱、瓜、萝卜、葵、芮菖、蔓

胡瓜

胡瓜是黄瓜的旧称，属葫芦科植物。广泛分布于中国各地，并且为主要的温室农产品之一。

菁、芹、白豆、小豆、茄子等 10 种作物，二、四、六、七、八月都有种植，可知经营之复杂，间种和套种应当都是使用了的。

古人早已注意因地制宜的原则，并深知不同的蔬菜应栽于各自相适的土壤，才能获得优质高产。《齐民要术·种蒜》篇说："蒜宜良软地。"原注又云："白软地，蒜甜美而科大，黑软次之。刚强之地，辛辣而瘦小也。"《种姜》篇说："姜宜白沙地。"《种胡荽》篇说："胡荽，宜黑软青沙地。"同书对许多蔬菜都强调了择"良地""良软地"的原则。

在菜地耕作方面，《齐民要术》反复强调了多耕、熟耕、耕耙耢相结合、令地精熟的思想，并须在精细整地的基础上实行小畦种植，以便均匀漫灌。该书《种葵》篇说：冬种葵法，"九月收菜后即耕，至十月半令得三遍，每耕即耢，以铁齿耙耧去陈根，使地极熟"。可知耕作之细。同篇又云：葵"春必畦种水浇（原注：春多风旱，非畦不得。且畦者，省地而菜多）。""畦长两步，广一步（原注：大则水难均）"，这是说小畦种植的优点。

此期在蔬菜播种技术上曾获得过一项进步，即使用炒过的谷子与葱子拌和播种，这对因种子粒度太小，播种时稀稠不易控制的蔬菜无疑是十分有效的。《齐民要术·种葱》篇说：葱须"炒谷拌和之"。原注："葱子性涩，不以谷和，下不均调。不炒谷，则草秽生。"此法至今仍在使用。在水、肥使用上，该书十分注意基肥足，追肥勤，水肥齐攻的方法，并认为粪肥应熟，"凡生粪粪地无势，多于熟粪，令地小荒矣"。对于浇灌，则要求"浇用晨夕，日中便止"。时至今日，这经验还是具有指导意义的。

（六）造林技术

魏晋南北朝时期，林木虽遭到了严重破坏，但民间植树造林的经验，如林地选择、苗木培育以及栽培管理技术，都更加丰富起来。

与谷物栽培同样，此时人们在选择林地时，也充分注意到了趋利避害、因地制宜的原则。《齐民要术·槐柳楸梓梧柞》篇说："下田停水之处，不得五谷者，可以种柳。"又说，"山涧河旁及下田不得五谷之处"宜种箕柳。同书《种榆白杨》篇说："其白土薄地，不宜五谷者，唯宜榆及白杨。"说明当时人们已认识到利用不得五谷的下田阴湿地种柳，利用荒废了的盐碱地种榆造林了。同篇还说"榆性扇地，其阴下五谷不植，种者宜于园地北畔"。又说，榆"于地畔种者，致雀损谷，既非丛林，率多曲戾，不如割地一方种之"。此说榆树遮阴，又招雀损谷，树曲碍材，应集中一地种植。同书《种竹》篇说，竹"宜高平之地（原注：近山阜尤是所宜，下田得水则死），黄白软土为良"。又注云："竹性爱向西南引，故园东北角种之。"这种诱鞭繁殖法，利用了竹鞭在地下横走，并向西南延伸的特点，有利于竹园的扩展和更新，此法迄今仍在使用。这其中许多经验，虽前代已有，但《齐民要术》作了进一步阐述，说明人们对不同竹、木的生长习性，各生物间的相互影响，都有了进一步的认识。

依树木种类和造林性质之不同，《齐民要术》所记树木繁殖措施有播种、插条、压条、分根（株）等法。桑、柘、柞、榆、槐、梓、青桐等常用播种法；安石榴、柳等常用插条法。桑、木瓜、白杨等常用压条法；柰、桑、竹等常用分根法；梨、柿等则经常嫁接。自然的，在具体操作和后期管理上，又因各树木习性之不同而呈现出千差万别来。如楮和槐，皆为播种，且与麻子混播，但麻与楮混播时，麻仅仅是秋冬"勿刈，为楮作暖（原注：若不和麻子种，率多冻死）"。而麻子与槐混播时，麻却"胁槐令长"。可知楮、槐与麻混播的目的是很不相同的。另外，麻与槐混播后，第一年需"麻熟刈去，独留槐"，第二年又在槐下

青桐

青桐一般是指梧桐。梧桐，一种落叶乔木，原产中国，南北各省均有栽培，尤以长江流域为多，已被引种到欧美地区作为观赏树种。

柰

柰主要指柰李，是中国李的一个变种，蔷薇科李属植物，原产福建省古田，是一种品质优良的水果，深受人们的欢迎。

种麻，旨在使槐竖直向上迅速生长，第三年正月，"移而植之，亭亭条直，千百若一（原注：所谓蓬生麻中，不扶自直）"。若随意栽种，"匪直长迟，树亦曲恶"。可见这播后管理也不相同，此以麻胁槐，是古人对植物趋光性和生存竞争法则的实际应用。

《齐民要术》对造林地的耕作和整理也十分注意，如种白杨"秋耕令熟，至正月二月中，以犁作垄，一垄之中，以犁顺逆各一到，场中宽狭，正似作葱垄。作讫，又以锹掘底一坑，作小堑"。之后再压条栽种。又如种柳，须"八九月水尽，燥湿得所时，急耕，则锅楼之。至明年四月，又耕熟，勿令有块，即作场垄"。之后再视时而折枝插栽。其他一些树木，皆要求"熟耕数遍""勿令有块"，通过精耕整理，使土壤熟化，以增强土壤的透水性和防旱保墒能力。

魏晋南北朝的移栽技术亦有了发展。从《齐民要术》的记载来看，移栽的基本原则有二：一与前述桃树一样，要注意树木生长习性，原生阳地者，勿移阴地，原生阴地者，勿移阳地。同时，亦不要弄错了阴阳面。同书《栽树》篇云，须"记其阴阳，不令转易（原注：阴阳易位则难生，小小栽者，不烦记也）"。二是凡栽大树时皆须剪去部分枝叶。《栽树》篇云："大树髡之，小则不髡。"原注解释说："不髡，风摇则死。"此法一直沿用至今。按：除"风摇"外，自然还有减少水分挥发的作用。至于移栽时间，同书同篇认为"正月为上时，二月为中时，三月为下时"。原注又说："大率宁早为佳，不可晚也。"具体栽法是，先挖深坑，放树苗入内，"以水沃之，著土令如薄泥，东西南北摇之良久，然后下土坚筑（原注：近上二寸不筑，取其柔润也），时时灌溉，常令润泽。埋之欲深，勿令挠动。凡栽树讫，皆不用手提"。同书《种竹》篇在谈到栽竹的具体操作时，还提到了要施基肥。说明人们对竹鞭的特性已有了各方面的认识。

此期对苗木管理也比较注意，在除草、施肥、灌水、中耕、剪枝、打心、防寒、防伤和促进幼苗生长等方面，不但继承和发扬了前代的优良传统，而且有所创新。如桑，《齐民要术·种桑柘》云："凡耕桑田，不用近树（原注：伤桑破犁，所谓两失），其犁不着处，劚断令起，斫去浮根，以蚕矢粪之（原注：去浮根，不妨耧犁，令树肥茂也）。"柳的修整较为复杂。同书云，柳"旁生枝叶，即掐去，令直耸上。高下任人，取足，便掐去正心，即四散下垂，婀娜可爱（原注：若不掐心，则枝不四散，或斜或曲，生亦不佳也）"。此掐去正心使柳枝四散婀娜，与槐植麻地、麻迫槐挺直有着异曲同工之妙。又如柘，欲令其主干条直并高耸，树干又自然疏散，便可将柘种于 1 米以上的深坑中，令其"直上出坑，乃扶疏四散，此树条直，异于常材。十年之后，无所不任"。这是介于槐与柳之间的又一种整形法，也是前此农书不曾记述过的。对于槐、柳之类，株苗细弱，须在株旁另立木桩，用绳缚牢维护，其缚处用草裹垫，以防风雨摇晃并伤及树皮。青桐苗则"至冬，竖草于树间令满，外复以草围之"，以防冻坏。

（七）畜牧兽医

魏晋南北朝的畜牧兽医技术，也有了一定发展，在畜禽选种育种、饲养管理以及相畜术、兽医术方面，都积累了相当丰富的经验。此外还出现了酥、酪等乳制品加工和羊毛制毡技术。

我国古代早就认识到了不同的生物体具有不同的生活习性和生活规律，只有顺应这些基本习性，掌握了它的基本规律，才能六畜兴旺。南北朝时，人们的这种认识又有了进一步提高。《齐民要术·养牛马驴骡》篇说："服牛乘马，量其力能，寒温饮饲，适其天性，如不肥充繁息者，未之有也。"此前两句是说，役使牛马，应量其力而行；第三、四句说，牲畜的饲养管理，应充分考虑到它的生活习性和生理特点。这一思想对发展畜牧业生产是十分重要的。同篇又引民谚曰："羸牛劣马，寒食下（原注：言其乏食瘦瘠，春中必死）。"羸，即瘦、弱。这说的是一条饲养牛马的重要经验，要避免瘦牛弱马在春天死去，"务在充饱调食而已"，即必须贮足冬季饲料，做到合理饲养管理。

在禽畜选种育种方面，此期更注意到了生物体遗传变异和杂交优势之利用，有关情况将在本分卷"生物学"部分介绍。

此期畜禽饲养技术的主要成就有二：一是在总结以往和当世饲养经验的基础上，提出了许多促进畜禽生长发育和育肥的有效措施；二是去势技术有了提高。

如马，《齐民要术》十分强调"饮食之节"，即"食有三刍，饮有三时"。此"三刍"指饲料粗精的三个等级，即恶刍、中刍、善刍。应"饥时与恶刍，饱时与善刍"。"三时"即朝、昼、暮。应"朝饮，少之"；"昼饮，则胸厌水"；"暮，极饮之"。但"夏汗冬寒，皆当节饮"。所以对马的喂养，应视其饥饿情况，喂以粗、中、精不同的饲料，依时间之早晚，供给数量不同的水，不论冬夏，皆不宜暴饮。对猪，则应依其发育阶段和季节，采用不同的饲养方法。《齐民要术》云，初生仔猪"宜煮谷饲之"。对于冬生仔猪，应采取"索笼蒸豚法"，以防冻死，因这时仔猪神经中枢尚缺乏调节体温的机能。这与现今北方农村所用坑育和箱育法是相类的。当时黄河中下游一般采用放牧和圈养相结合的养猪法。"春夏草生，随时放牧。糟糠之属，当日别与"，即春夏放牧后仍须补充一定量的糟糠一类精料；"八、九、十月，放而不饲，所有糟糠，则畜待穷冬春初"。对育肥猪，则采用减少运动之法来催肥，故"圈不厌小"，"圈小则肥疾"。书中还对羊、鸡、鸭、鹅的饲养方法一一作了总结和归纳。

我国古代家畜去势技术约发明于先秦时期，有关记载在魏晋南北朝便更加明白起来。《齐民要术》的《养猪》和《养羊》两篇都谈到了牲畜去势之事。《养猪》篇云：猪子产下"三日后掐尾，六十日后犍"。原注云："三日掐尾，则不畏风。凡犍猪死者，皆风所致耳。"此"犍"即阉割去势。此"掐尾"即是掐去尾尖，目的是减少尾子与伤口的摩擦，以减少破伤风致命的机会，可知当时去势技术已达相当高的水平。当时犍牛技术亦有发展，并且已"无风死之患"（《养猪》）。羊的去势法十分简单，《养羊》篇原注云，羊"生十余日，用布裹齿脉碎之"。此"齿脉"即精索，即用布包裹精脉，以锤碎之，使性机能消失而加速育肥。此法在华北农村沿用至今。去势对于改良牲畜品种、加速育肥，都具有十分重要的意义。同书在谈到猪去势的优点时说"犍者，骨细肉多；不犍者骨粗肉少"，便说到了其中一层意思。

我国古代的相畜技术是发明较早的，魏晋南北朝更发展到了理性认识的阶段，尤其是相马和相牛。人们已初步了解到各外部形态与内部器官的有机联系，认为外部形态是内部器官及其功能的一种反映，从而对牲畜的外部形态提出了一整套十分明确而具体的要求。它不但与现代外形学不谋而合，而且有许多独到之处。

《齐民要术》所云相马法是分两步进行的，首先要剔除那些外形严重不良的"三羸五驽"，之后再依据一些基本要求进行个别鉴定。所谓三羸，即大头小颈、弱脊大腹、小胫大蹄；所谓"五驽"，即大头缓耳、长颈不折、短上长下、大骼短肋、浅髋薄髀。个别鉴定时，既要看到一匹马的整体，又要注意那些重点部位。书中认为，"望之大，就之小，筋马也；望之小，就之大，肉马也"。即看起来大，摸起来小的叫筋马，约与现代外形学的干燥或紧凑型相当，宜于骑乘；看起来小，摸起来大的叫肉马，约与现代外形学的湿润或疏松型相当，宜于役用。马身上的一些重点部位是：头、目、脊背、胸腹、四肢。《齐民要术》说："马头为王，欲得方；目为丞相，欲得光；脊为将军，欲得强；腹肋为城郭，欲得张；四下为令，欲得长。"此处谈到了头、目、脊、胸腹、四肢五个部分的重要性和基本外形条件。随即，该书还对千里马、各种良马从静态到动态都作了全面的描述。说马"头欲得高峻如削成"，"如剥兔头"；"马耳欲得相近而前竖，小而厚"，"欲得小而促，状如斩竹筒"；"鼻孔欲得大，鼻头文如王火，字欲得明"；等等。书中又云马"肺欲得大，鼻大则肺大，肺大则能奔。心欲得大，目大则心大，心大则猛利不惊，四目满则朝暮健"。这些虽皆经验之总结，但都是与科学原理相符的，且皆叙述得十分生动精辟。

此期的兽医医学也有了一定提高，这主要表现在下列三个方面。一是文献记载的急救法和方药数有了增加。虽此期的兽医专著均已失传，但一些医书、农书都保存了不少兽医资料，其中主要是东晋葛洪的《肘后救卒方》（后称《肘后备急方》）内的"治牛马六畜水谷疫疠诸病方"，以及后魏贾思勰《齐民要术》的《养牛马驴骡》《养羊》《养猪》诸篇。

葛洪画像

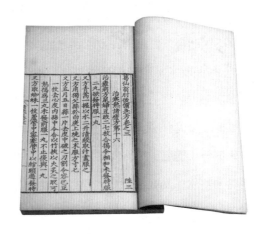

葛洪
东晋道教理论家、著名炼丹家和医药学家，世称"小仙翁"。撰写医学著作有《玉函方》《肘后备急方》等。

《肘后备急方》
《肘后备急方》是古代中医方剂著作，中国第一部临床急救手册，也是中医治疗学专著。其中有世界上最早的关于天花治疗的记载。

其中前书谈到了13种畜病及其治疗方法，后书选录了48种方药和疗法。这些方药虽为"备急"，但仍在一定程度上反映了当时兽医的发展水平。二是对疥癞类传染病的防治技术有了发展。首先是采取隔离措施。《齐民要术·养羊》篇说："羊有疥者，间别之，不别，相染污，或能合群致死。"接着是进行药物治疗。《齐民要术》提出了七种，《肘后备急方》提出了三种外治药方，用以分别治疗家畜的疥癞病。三是对其他疾病的治疗技术有了发展。如马患喉痹欲死时，《齐民要术·养牛马驴骡》篇提出"缠刀于露锋刃一寸，刺咽喉令溃破即愈，不治必死也"。这是唐宋之后摘除颔下淋巴结、咽喉淋巴结治疗马腺疫"治槽结法"的先导。又如驴马胞转欲死症，采用直肠内摩法，腹下以木棍刮擦法治疗，是有一定疗效的。《肘后备急方》卷八"治牛马六畜水谷疫疠诸病方"云："骑马走上坂，用木腹下来去擦，以手内（伸入）大孔

（肛门），探却（掏出）粪，大效。探法：剪却指甲，以油涂手，恐损破马肠。"可知当时对掏结粪已积累了一定的经验。此直肠掏结和直肠按摩逐渐成为我国一项宝贵的兽医学财富。

（八）养蚕养蜂技术

此期蚕桑业比较发达的地方是巴蜀，因吴大帝孙权"广开农桑之业"（《三国志·华覈传》），及南朝时，江南"丝绵布帛之饶，覆衣天下"（《宋书·沈昙庆传》）；由于天灾人祸，北魏之后中原的蚕桑业才有了一定发展。

此期蚕桑技术的进步主要表现在两方面。一是文献记载的桑树品种明显增加。魏晋之前，见于记载的桑树别名大约只有"女桑（荑桑）"（《诗·豳风·七月》，《尔雅·释木》）一个，《齐民要术》又谈到了"地桑""荆桑""鲁桑"等名，鲁桑又有黑、黄等品种。二是推广了压条法繁殖。一般树木的压枝法繁殖始见于西汉《四民月令》，但桑之压枝则始见于《齐民要术·种桑柘》篇，其云："大都种椹长迟，不如压枝之速。无栽者，乃种椹也。"

此期养蚕技术有了较大的进步，有关记载亦明显增多，晋杨泉《蚕赋》用四言排句的形式简述了养蚕过程的各主要环节；张华《博物志》记述了蚕的孤雌生殖现象，葛洪《抱朴子》提到了"叶粉"添食。嵇康（223—262）在《宅无吉凶摄生论》中，准确地指出了养蚕的关键是掌握好"桑火寒暑燥湿"（《嵇康集·宅无吉凶摄生论》）。南朝宋郑缉之《永嘉记》谈到了一年养八批蚕的情况，及用低温藏卵以延期孵化，来调节劳动力和合理利用桑叶。梁陶弘景《药总诀》首次记述了盐渍杀蛹储蚕法。后魏《齐民要术》谈到了蚕室之合理布置、隔湿防尘装置法、蚁蚕不得用芦苇扫刷、蚕茧的选种法，以及柘叶代桑等问题。其中有的

内容将在本书的"纺织技术"和
"生物学"部分谈及，这里不予
讨论。

我国古代的养蜂技术发明较
早，先秦时期便已食用蜂蜜；至
迟东汉，就有人以养蜂为业[①]；但
关于养蜂方法的具体记载，却是
西晋之后才看到的。张华《博物
志·杂说下》云："诸远方山郡幽
僻处出蜜蜡，人往往以桶聚蜂，
每年一取"。又云，"远方诸山蜜
蜡处，以木为器，中开小孔，以
蜜蜡涂器内外令遍，春月蜂将生
育时，捕取三两头著器中，蜂飞

陶弘景 ⊙ ·················
陶弘景是南朝道教学者、炼丹家、医药学家，他
是我国本草学早期发展中贡献最大的人物之一。

去，寻将伴来，经日渐益，遂持器归"。《永嘉记》也有关于捕捉野地蜂
群的记载，这都说明了当时养蜂业之盛。

（九）水利技术的发展

此期的水利事业虽不像汉代那样成就辉煌，但还是值得一提的。在
农田水利方面，北方有兴有废，兴少于废；江南则创建颇多，尤其是一
些小型塘堰和沿海水利工程。此期有文献记载的大型洪灾较少，但涝渍
灾害还是相当频繁的。此期的内河航运工程在江南和江北都有一定发
展，并初步形成了沟通江、淮、黄、海四大水系的运河网，对军事、漕

---

① 晋皇甫谧《高士传》载，东汉延熹（158—167年）时，上邽（甘肃天水附近）
人姜岐，"隐居以畜蜂、豕为事。教授者满天下，营业者三百余人"。

运、灌溉都起到了积极的作用。

在魏蜀吴三国中，农田水利成就较为突出的是曹魏，它在淮河流域和江淮之间屯田、大兴水利，兴建了不少陂堰。《三国志》卷十五《刘馥传》说，建安五年（200）曹操以刘馥为扬州刺史，经营屯田，"兴治芍陂（今安徽寿县南之安丰塘）及茹陂（今河南固始东南四十里）、七门（今舒城西南七门山下）、吴塘（今潜山市西二十里）诸竭，以溉稻田"（《晋书》卷二十六《食货志》）。这些水利工程因历代常有维修，故沿用了很长一个历史时期，芍陂和茹陂传为孙叔敖所筑①。《水经注》称芍陂"周一百二十里许"，《隋书·赵轨传》说其"灌田五千余顷"，沿用至今。1976年治淮委员会资料称其灌溉面积为63万亩。茹陂至明代仍存废址。建安十三年（208），刘馥卒。正始四年（243），邓艾在淮北屯军二万人，淮南三万人，使淮颍水利工程达到高潮。其时屯田治水，"皆如艾计施行。遂北临淮水，自钟离而南，横石以西，尽沘水四百余里；五里置一营，营六十人且佃且守，兼修广淮阳、百尺二渠，上引河流，下通淮颍，大治诸陂于颍南、颍北，穿渠三百余里，溉田两万顷，淮南淮北皆相连接。自寿春到京师，农官兵田，鸡犬之声，阡陌相属。每东南有事，大军出征，泛舟而下，达于江淮，资食有储而无水害，艾所建也"（《晋书·食货志》）。

孙叔敖

孙叔敖是春秋时期楚国令尹，具有出色的治水、治国、军事才能。在他的辅佐下，楚庄王独霸南方，成为春秋五霸之一。

---

① 《后汉书·王景传》："有楚相孙叔敖所起芍陂稻田。"茹陂可能是孙叔敖所筑之期思陂，东汉崔寔《四民月令》："孙叔敖作期思陂。"

二、农业和水利技术

033

当时屯田治水旨在伐吴，治水详情今已不明，规模应是相当大的。曹魏在河北等地也修过一些水利，如在西门豹渠的基础上修建了"天井堰"（《水经注·浊漳水》）；嘉平二年（250），刘馥之子刘靖镇蓟城（今北京）又修建了戾陵堰、车箱渠，引水灌溉蓟城北、东面的万余顷土地（《水经注·鲍丘水》）。

西晋新建的农田水利工程较少，多系维修事项。比较值得注意的有：江淮间芍陂、练塘（在今丹阳市北）、曲阿新丰塘（在今镇江东南35里）、乌程（今浙江省湖州市吴兴区）的荻塘等。芍陂在晋太康后期已转为民间岁修。《晋书》卷四十六《刘颂传》载，淮南相刘颂甚有政绩，"旧修芍陂年用数万人，豪强兼并，孤贫失业，颂使大小勤力，计功受分，百姓歌其平惠"。可见刘颂的主要措施是按受益大小分担责任。《宋书》卷四十八载，东晋末年，刘裕欲伐后秦，先遣毛脩"复芍陂，起田数千顷"（《元和郡县志》卷二十五）。又西晋末年，陈敏割据江东，使弟谐作堰拦马林溪水成练塘，周回四十里，溉田数百顷。大兴四年（321），晋内史张闿创修曲阿新丰塘，共用211420功，"溉田八百余顷，每岁丰稔"（《晋书·张闿传》）。东晋时，太守殷康主持在吴兴乌程县开荻塘，"溉田数千顷"（《太平寰宇记》卷九四三一《星兴记》）。荻塘沿太湖南缘，西起吴兴城，东至平望镇作堤，两岸堤路夹河，外御洪满，内可排灌航运。

南朝多较重视农田水利之兴修，宋齐梁陈各代都维修过芍陂，溉田万顷。又，《宋书》卷四十六载，元嘉五年（428），张邵"至襄阳，筑长围，修立堤堰，开田数千顷"。《梁书》卷二十八载，夏侯夔为豫州刺史，"乃帅军人于苍陵（今寿县西）立堰，溉田千余顷，岁收谷百余万石"。江南湖沼较多，故亦有排水造田者，扩大了耕地面积。《宋书》卷六十七载，谢灵运求会稽的回踵湖和始宁（今浙江省绍兴市上虞区西）

的休崲湖作湖田。同书卷五十四载,孔灵符奏请山阴县无赀之家"于余姚、鄞(今宁波市奉化区东)、鄮(今宁波市东)三县界垦起湖田"。一些旧有的水利工程,有关设施也有了发展。如东汉创建的鉴湖,"湖广五里,东西百三十里,沿湖开水门六十九所,下溉田万顷,北泻长江"(《水经注·浙江水》)。有这样许多水门,便可依据需要而随时调剂用水量。

鉴湖
鉴湖在浙江省绍兴,是一处适合观光游览、休闲度假的江南水乡型风景名胜区。

北朝农田水利事业不及南朝发达,但拓跋氏入主中原后,由畜牧经济过渡到了农耕经济,也兴办了一些水利。《魏书》卷二载,魏道武登国九年(395),拓跋仪屯田于黄河北岸"五原(今包头市西)至椆阳塞外"。《魏书》卷三十八载,太平真君五年(444),刁雍为薄骨律镇(治所在今宁夏灵武市西南)将,主持兴建了引黄灌溉工程艾山渠。后虽此渠因坝体不易维护而应用时间不长,但其在工程选址和灌水管理方面还是有独到之处的。其灌水为"一旬之间,则水一遍;凡水四灌,谷得成实"。此视作物需要而供水，是管理技术上的一大进步。又，神龟二年（519）[①]，幽州刺史依据卢文伟的建议，并使其主持了修复蓟城（今北京）的戾陵堰和督亢陂（在今河北涿州市东南）。其中"督亢陂，溉田万余顷，民赖其利"。东魏、北齐皆都于邺（今河北临漳县西），皆在邺修建了一些水利工程。东魏天平（534—537）时，曾改建引漳灌渠。此渠前身为战国漳水十二渠，前云曹魏时修建的天井堰，东魏名新渠为万金渠，北齐称天平渠（《魏书·地形志上》），此外，前秦、西魏在关中，北周在关中和今山西，都曾兴修过水利，亦收到了一定效益。

魏晋南北朝时，江、汉、河、济等大江大河都曾泛滥过，所以，有关排除涝渍的记载也是较多的。据《晋书·五行志》载，仅西晋52年中，便至少发生过25次较大的水灾。不过，从文献记载看，此水灾多属涝渍型，洪灾则较少。此期黄河堤防已残破不堪，下游分支较多，故河道较多，湖泊沼泽较多，治河之事却未受重视；虽有人提出过较好的建议，皆未能很好地实行；海河亦然。此期防涝工程中，唯南方稍有进展。这在汉江流域、太湖流域都可看到。

此期江汉流域有不少关于长堤的记载。如汉水襄阳大堤始建于汉，魏景元四年（263）时，曾因堤决而重修。又，《水经注·沔水》记山都县（汉水南岸，今襄樊市西北80里）有大石激，叫五女激，是一种挑水护岸工程。再《水经注·江水》云，东晋桓温在江陵让陈遵筑江堤，陈具有丰富的勘测经验，听鼓声即能辨地势之高下。这是长江堤防的最早资料。又梁时，郢州（今武昌）（《梁书·曹景宗传》）和荆州都有堤防，梁天监六年（508）荆州因江水泛溢而将其冲决（《梁

---

① 《北齐书》卷二十二《卢文伟传》说卢年三十八修渠，而卢文伟卒于兴和三年，时年六十，故推知其修渠时间应为神龟二年。

书·始兴王憺传》)。再，武陵（今常德市）城南沅江有古堤，南齐曾经修治。

太湖流域的排水工程曾一度受到官民的重视。刘宋时，吴兴人娇峤于元嘉十一年（434）提出了一整套吴兴郡排水方案，似意欲将通到太湖的苕溪流域之水，经纻溪向东南排泄，再开大渠直通杭州湾，但官方复勘后未能核准。元嘉二十二年，他又与官吏共同勘察，并绘制了详图，作了计算，又开小渠作了试点，惜工程未获成功。此后八十多年，又有人提出了开渠将吴郡水排入钱塘江的动议，并于梁中大通二年（530）动员吴郡、吴兴、义兴三郡民工，"开漕沟渠"，"导泄震泽（太湖），使吴兴一境无复水灾"（《梁书·昭明太子传》）。

钱塘江

钱塘江古称浙，全名浙江，是浙江省最大河流，是宋代两浙路的命名来源，也是明初浙江省成立时的省名来源。钱塘潮被誉为"天下第一潮"，是一大自然奇观。

北方防汛也有一些记载。如《北史》卷五十四《高隆之传》云，隆之"以漳水近帝城，起长堤以防汛溢"。

此期航运事业在江南、江北都有一定发展，在黄河以北更是开创了兴建运河的新阶段，尤其三国时期。《三国志》卷一《武帝纪》载，建安九年（204），曹操北攻袁尚（袁绍之子），"春正月济河，遏淇水入

陈寿

陈寿是西晋著名史学家，其所著的纪传体史学巨著《三国志》完整地记叙了汉末至晋初近百年间中国由分裂走向统一的历史全貌。与《史记》《汉书》《后汉书》并称"前四史"。

曹操雕塑

曹操是东汉末年著名政治家、军事家、文学家和诗人，曹魏政权的缔造者。

白沟（卫河的一段），以通粮道"。当时淇水流入黄河，为了通航，在淇水口作堰横拦淇水，逼淇水北流入白沟。因白沟通洹水，洹水有分支通邺，使曹操获得了攻袁的胜利。建安十一年（206），曹操为消灭袁尚残部，北攻乌桓，命董昭"凿渠，自呼沲入泒水，名平虏渠；又从沟河口凿入潞河，名泉州渠，以通海"。建安十八年（213），曹操经营邺

都，"九月，作金虎台，凿渠引漳水入白沟，以通河"。此渠名利漕渠。这样，由邺便可经利漕渠、白沟，通黄河，再转江淮，经由白沟又可北通平虏诸渠，北方几大水系便基本沟通。这前后，为了军事上的需要，又对春秋时开凿的邗沟进行了改建和取直，修了广漕渠，疏凿了汴渠水道，由南而北便可有两条水路。东路为邗沟，北接淮水，溯淮干流可西接汝、颍，由淮入泗至彭城可西上，由汴渠入黄河，亦可溯泗北上，入济入河。西路由濡须水通巢湖、肥水（可能有一段陆路）北入淮水，入颍水或涡水，由广漕渠等入河。三国时兵家漕运多走西路[①]。这样就初步形成了沟通江、淮、黄、海四大水系的运河网，这也是隋代南北大运河的雏形。

（十）关于《齐民要术》

《齐民要术》是我国古代三大农书之一[②]，在我国古代农业科技史上占有十分重要的地位。其中记述的许多生产经验和科技原理至今仍然是具有指导意义的。

该书作者贾思勰，生平事迹已难详考，从题署中仅知为后魏时人，曾任

《齐民要术》

《齐民要术》是一部综合性农学著作，也是世界农学史上最早的专著之一，对后世的农业学产生了深远影响。与《氾胜之书》《王祯农书》《农政全书》和《陈敷农书》合称"五大农书"。

---

① 武汉水利电力科学院等：《中国水利史稿》上，水利电力出版社 1979 年版，第 277 页。

② 我国古代三大农书指：贾思勰《齐民要术》、王祯《农书》、徐光启《农政全书》。

高阳太守。后魏有两个"高阳",一相当于今山东临淄一带,二相当于今河北保定境,一般推测贾思勰为益都(今山东寿光市一带)人,曾在山东的高阳任职[①]。从书中内容可以推知:除了山东外,他可能还到过今山西、河南、河北一带,并从事过农业、畜牧业生产实践。据考证,该书约成于公元5世纪30—40年代之间。

贾思勰著作此书的目的是阐述"食为政首"的重农思想和"要在安民,富而教之"的政治主张。他在《〈齐民要术〉序》中列举了大量历史资料,其旨在说明农业之重要,并希望吏民明白这一道理。"齐民"即平民。《管子·君臣》下:"齐民食于力,则作本。""要术"即重要的谋生方法。故整个书名的意思是"平民谋生要术"或"平民致富要术"。

全书计分10卷92篇,计约11万字。"起自农耕,终于醯醢,资生之业,靡不毕书"。各卷内容的基本顺序是:粮食作物、蔬菜、果木、木竹和染料作物的种植,家畜、家禽和鱼类的饲养,酿造和发酵、食品加工和储藏,以及煮胶和制笔墨,最后还谈到了"非中国所植者",可知其内容涉及较广,包括了农、林、牧、副、渔各个方面,是先秦两汉农书所不及的。《吕氏春秋·任地》等三篇(属作物栽培总论性质),西汉《氾胜之书》,都只限于种植范围;东汉《四民月令》虽涉及面较广,但对生产技术记述得十分简单,也缺少理论上的说明。《齐民要术》则既重点突出,又内容丰富;虽以生产技术为主,亦不乏理论性的概括,其生产技术虽以种植为主,亦兼及蚕桑、林业、畜牧、养鱼、农副产品的加工和储藏等各个方面,其种植虽以粮食作物为主,亦涉及桑麻和油料、染料、饲养和园艺作物;其生产技术虽主要反映黄河中下游的情况,同时也涉及了南方及外域的植物品种。故堪称中国第一部最为完整

---

① 梁家勉:《〈齐民要术〉的撰者、注者和撰期》,载《华南农业科学》1982年第2期,又《有关〈齐民要术〉若干问题的再探讨》,载《农史研究》1982年第2期。

的农书。该书最后一篇引述了100多种有实用价值的热带或亚热带植物，成为我国现存最为完整的南方植物志之一，又引述了60多种野生可食植物，其中不少北方也可看到，这一方面反映了作者的救荒思想，也使书的内容更为充实。

《齐民要术》是秦汉以来我国黄河流域农业科学技术的系统总结，它既保存了许多汉代农业技术的精华，又总结了许多北魏时期的新经验、新成就，其中最值得注意的是如下几个方面。

1. 明确指出了精耕细作对于熟化表土、防旱保墒的作用，并提出了一整套精耕细作和中耕的技术措施。

2. 强调了选种育种之重要，并介绍了多项较好的选种、育种方法。

3. 总结了一套轮作制度，充分肯定了绿肥的肥效。

4. 反映了生物学方面的多项重要成就，如前云"嫁枣"和"振去狂花"，说明人们对植物内的养分运动已有一定认识；说"榆性扇地"，说明人们对植物与阳光的作用已有一定认识；此书还揭示了大麻生殖机理之谜——授粉作用，并指出只有通过"放勃"才能结实；此书又通过对动植物选种育种的研究，肯定了遗传和变异在生物进化过程中的作用。

《齐民要术》的出现，标志着北方旱地精耕细作体系已基本成熟，之后的一千多年，北方旱地农业技术的发展基本上未超出此书指出的方向和范围。所以《齐民要术》在我国古代农学史上是具有划时代意义的，在世界农业科技史上也占有重要的地位。

贾思勰是我国，也是全世界著名的古农学家，他博学多才，具有坚定的信念和实事求是的科学精神，所以《齐民要术》在学术思想上的成就，也很值得我们注意。归结起来，比较重要的有如下四个方面：

1. 既注意历史的间接知识和经验，又注意实践。贾思勰在《〈齐民要术〉序》中谈到该书的写作和研究方法时说："今采捃经传，爰及歌谣，询之老成，验之行事。"即是说，作者研究并汇集了历史文献中的农业科学技术，收集并整理了民间口头流传的生产经验，向有实践经验的老农和知识分子请教，最后再用自己的实践来一一进行验证。这种研究方法，至今仍然是具有指导意义的。据统计，《齐民要术》引用的前人著作达 150 多种。

2. 强调应尊重客观规律，反对主观盲动，这一思想几乎在全书各篇都可看到。其《种谷》篇云："顺天时，量地利，则用力少而成功多。任情返道，劳而无获。"此第四句意即任凭主观意志而违反客观规律将会导致劳而无获。

3. 注意发挥人的主观能动性，十分强调"力能胜贫""勤则不匮"和"天为之时，而我不农，谷亦不可得而取之"等靠人不靠天的思想。

《农政全书》

《农政全书》成书于明朝万历年间，书中内容大致上可分为农政措施和农业技术两部分。

4. 比较注意量的变化和数字规范化管理，这也是在全书大多数篇章都可看到的，如《大豆》篇云："种大豆法，坎方、深各六寸，相去二尺，一亩得千六百八十坎。""一亩用种一升，用粪十六石八斗。"这许多数字虽未必是亘古不变的金科玉律，但在一定生产条件下，显然是具有指导作用或参考价值的，亦说明当时农业生产管理技术已发展到了较高的水平。《齐民要术》对后世产生了深远的影响，一直被后人视为古农书之经典。后世的大型农书，如元代王祯《农书》、明代徐光启《农政全书》、清代的《授时通考》等，都曾节引或转载过《齐民要术》的内容，就连写作体例，也曾以之作为蓝本。此书被人们一再翻印，在黄河流域、在江南，都普遍流传。

三、手工业技术

（一）矿物燃料开采技术的发展

魏晋南北朝时期，我国金属矿开采技术并无明显提高，大体上都是沿用了汉代的工艺，但在非金属矿，尤其是三大燃料矿物，即煤炭、石油、天然气的认识、开采和利用上，却获得了长足的进步。此时煤炭开采量已经不小，而且用到了冶铁业中，很可能还发明了双眼井开采；石油已被人们用作润滑剂和燃料，分别用到了生产和军事上；天然气已被应用于日常生活和煮盐手工业，使我国成为世界上最早开凿天然气井，并最早把它用到煮盐中的国家。

1. 煤炭开采量之增大和使用范围之扩展

我国古代最早接触和使用的煤类矿物是煤精，其年代约属新石器时代晚期①。因煤精质地优良，故又有"煤玉"之称，它主要用作装饰品、工艺品之类。迟至战国，我国文献中就有了关于煤的记载，当时谓之"石涅"（参阅章鸿钊《石雅》卷中）。因古时木柴易于获得，故先秦时期，用煤作燃料之事是十分稀少的。我国大量开采和用煤的起始年代是汉，目前在河南巩义市铁生沟、郑州古荥镇等汉代冶

煤精

煤精具有明亮的沥青光泽，存在于沥青岩中呈孤立块状体或夹于煤层之间。煤精可用于制作工艺美术品、雕刻工艺品和装饰品，其工艺价值很高。

铸遗址都发现了生活用煤或烘烧铸范用煤的实物资料②。汉代还有了采煤的记载③，魏晋南北朝时，采煤量已经较大，使用范围进一步扩展，开采技术亦有了提高。

此期采煤量增大最明显的例子是曹操在邺都（今河北临漳县西南）筑三台（铜雀台、金虎台、冰井台）时，贮藏了数十万斤煤炭。《陆士龙文集》卷八载西晋文学家陆云《与兄平原君书》云："一日上三台，曹公藏石墨数十万斤，云烧此，消复可用，然（燃）烟中人不知，兄颇见之不？今送二螺。"此"石墨"即煤，东晋时，人们又谓之"石炭"。"消复可用"即正在燃烧的煤块经扑灭后，可再次使用。"烟中人不知"是说煤气中毒，这是我国古代关于煤气中毒的最早记载。曹操贮煤量如此之大，一定程度上反映了采煤业之发展。

① 沈阳市文物管理办公室：《沈阳新乐遗址试掘报告》，《考古学报》1978年第4期。

② 赵青云等：《巩义市铁生沟汉代冶铸遗址再探讨》，《考古学报》1985年第2期。郑州市博物馆：《郑州古荥镇汉代冶铁遗址发掘简报》，《文物》1978年第2期。

③ 赵承泽：《关于西汉用煤的问题》，《光明日报》1957年2月4日。

铜雀三台遗址公园

三国时，曹操击败袁绍后营建邺都，修建铜雀、金虎、冰井三台，史称"邺三台"。是建安文学发祥地，历代文人题咏甚多。

关于三台贮藏的目的和方法，东晋陆翙《邺中记》作了进一步说明："三台皆在邺都北城西北隅，因城为基址……北曰冰井台，有屋一百四十间，上有冰室，室有数井，井深十五丈，藏冰及石墨。石墨可书，又爇之难尽，又谓之石炭。又有粟窖及盐窖，以备不虞。"可知三台贮煤，实际上主要是冰井台贮煤，具体做法是把它藏于冰窖中，与冰窖贮粟、贮盐同样，都是为了"以备不虞"，作长期备战用的。冰井贮煤的优点是可减缓煤的风化。

魏晋南北朝前，一般采煤用煤资料大体上都是属于北方的，此时却扩展到了南方。南朝雷次宗（？—448）《豫章记》说："县（建城，今江西高安）有葛乡，有石炭二顷，可燃以爨。"[1]此"爨"即炊。这是我国古代南方采煤用煤的最早记载。

① 《后汉书·郡国四》"豫章郡·建城"条引。

煤炭使用范围之扩展主要表现在部分地区已大量地把它用到了坩埚冶铁中，关于这一点，晋人释道安《西域记》曾明确提到。有关情况将在本书"冶金技术"部分详作介绍。

其次是煤雕技术进一步发展。从考古资料看，先秦煤雕技术的分布地是较窄的，品种亦较少；汉魏南北朝后，此技术就进入了普遍发展的阶段，不但产地更宽，品种增多，而且技术上亦有提高。魏晋南北朝时期，在今四川①、甘肃②、新疆③等地，都有煤雕品出土；其品种有猪、羊、狮子等饰件和印章。甘肃嘉峪关新城出土过一件炭精羊饰，长 2.5 厘米，宽 1.4 厘米，高 2.1 厘米，系由炭精石磨制而成，羊作卧状，四腿盘卧，极其精巧。煤雕艺术的发展，也说明了整个煤炭开发利用技术之发展。

此期还发明了煤香饼。南朝徐陵《徐孝穆集·春情》诗说："风光今且动，雪色故年残；薄夜迎新节，当炉却晚寒；故（奇）香分细雾，石炭捣轻纨……年芳袖里出，春色黛中安。"此第五、六两句所云便是煤香饼的功效和工艺。据明人杨慎《升庵外集》卷十九所云，其具

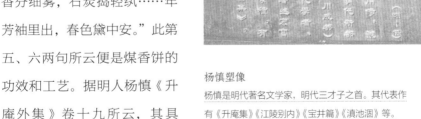

杨慎塑像
杨慎是明代著名文学家，明代三才子之首。其代表作有《升庵集》《江陵别内》《宝井篇》《滇池洇》等。

---

① 沈仲常：《四川昭化宝轮镇南北朝时期的崖墓》，《考古学报》1959 年第 2 期。

② 甘肃省博物馆：《酒泉嘉峪关晋墓的发掘》，《文物》1979 年第 6 期。嘉峪关市文物管理所：《嘉峪关新城十二、十三号画像砖墓发掘简报》，《文物》1982 年第 8 期。

③ 夏鼐：《考古学论文集》，科学出版社 1961 年版。

体制法是："捣石炭为末，而以轻纨筛之，欲其细也……以梨枣汁合之为饼，置于炉中以为香籍，即此物也。"这种煤香饼费工费时，成本又高，自然是难入寻常百姓家的，却是我国古代煤炭加工和使用技术上值得注意的一个事件。

此时煤炭开采技术也获得了较大的进步。《水经注》卷十三《漯水》说："井（火井）北百余步有东西谷，广十许步。南岸（崖）下有风穴，厥大容人，其深不测。而穴中肃肃常有微风。虽三伏盛暑，犹须袭袭；寒吹凌人，不可暂停。"从文献描述的情况看，此"风穴"很可能是为煤窑通风而人工开凿的风洞。因据调查，该地露出的地层都是侏罗纪的砂岩和石质页岩，故不可能是石灰岩溶洞；而洞穴又"其深不测"，故亦不可能是风蚀砂岩洞或居民挖的生活用洞。这说明早在南北朝时，我国已由单眼井采煤发展到了双眼井采煤，已掌握了利用进风口与出风口之间的高度差来构成一个良好的自然通风系统，这是我国古代采煤技术上的一项重大进步[1]。这对于改善井巷通风，保证正常生产具有十分重要的意义。

2. 对石油的早期认识和利用

我国是世界上最早发现并利用石油的国家之一，有关记载汉代便已出现，《汉书》卷二十八下《地理志》"上郡"条中，班固（公元32—92）自注说："（高奴）有洧水，可燃（燃）"。此"水"可燃，为石油无疑。高

石油

石油是一种黏稠的、深褐色液体，被称为"工业的血液"。"石油"这个中文名称是由北宋著名科学家沈括第一次命名的。

① 《中国古代煤炭开发史》，煤炭工业出版社1986年版，第45页。

奴县在今陕西延长县一带，这是我国古代关于石油的最早记载。魏晋之后，有关记载有了增加，除高奴县外，酒泉延寿县（今甘肃玉门市）、西域龟兹都发现了石油露头。

《博物记》云，延寿"县南有山石，出泉水，入（大）如筥篾（音举持，竹篓）；注地为沟，其水有肥，如煮肉泊（汁），羕羕永永，如不凝膏，然（燃）之极明；不可食，县人谓之石漆"（《后汉书·郡国志》"酒泉郡·延寿"条梁刘昭注引）。这描写的显然是石油，可见玉门石油早为古人所知。此《博物记》一般认为即是西晋张华（232—300）《博物志》之异名；个别学者说它原是单独一书，作者是东汉末年的唐蒙，恐非。

《水经注》卷三引《博物志》也有过类似说法："酒泉延寿县南山出泉水……水有肥如肉汁，取著器中，始黄后黑，如凝膏，然（燃）极明，与膏无异。膏车及水碓缸（釭）甚佳。"说当时已把石漆当作了润滑剂涂在车和水碓的轴承上，这是我国古代利用石油的最早记载。《水经注》卷三在谈到了高奴县和延寿县皆有"水肥可燃"的现象后说，"水肥亦所在有之，非止高奴县洧水也"。说明北魏时期，石油已是众所周知之物。

《魏书》卷一〇二《西域传》"龟兹"条说："其国西北大山中，有如膏者流出成川，行数里入地；状饼䴺（糇糊），甚臭。""西北大山"当指今哈尔克山。可见我国新疆石油亦早已露头。《北史》卷九十七《西域传》"龟兹"条所载完全相同。

此时人们还把石油用到了军事上，唐李吉甫《元和郡县志》卷四十《肃州·玉门》说："石脂水在县（今玉门镇）东南一百八十里。泉有苔如肥肉，燃之极明，水上有黑脂，人以草荩（捞）取，用涂鸱夷酒囊（革制酒囊）及膏车。周武帝宣政（578）中，突厥围酒泉，取此脂燃火，焚其攻具，得水俞明。酒泉赖以获济。"这里谈到当时石油的三种用途，即鞣制皮革、膏车以及作为火攻用燃料。此"石脂"即石油。可知魏晋南北朝及唐，石油曾有"石漆""水肥""石脂"等名；"石油"一词实是到了宋代才出现的，它应是由"石脂"一名演变而来，应是"带有石性的油""山石中流出的油"之意。

3. 对天然气的认识和利用

我国古代关于天然气的记载至迟始见于西汉时期，《汉书》卷二十五下《郊祀志》、卷二十八《地理志》班固自注，都谈到过西河郡

班固

班固是东汉史学家、文学家。其著作有《两都赋》《汉书》《幽通赋》等。其中，《汉书》开创"包举一代"的断代史体例，为后世"正史"之楷模。

鸿门县（今陕西神木市西南）有"火井"，此"火井"即是天然气井。但这鸿门火井未必是人工开凿的，我国人工开凿最早的天然气井大约是蜀郡临邛（今四川邛崃）火井。有关临邛火井的记载始见于东汉三国间，但其开凿年代应可推至西汉。《太平御览》卷八六九引《蜀王本纪》

谯公祠

谯公祠是纪念三国著名人物谯周的祠堂，位于四川省南充西山万卷楼景区内。

说："临邛有火井，深六十余丈。"这是关于临邛火井的最早记载。《蜀王本纪》的作者原认为是西汉杨雄[1]，今人徐中舒考证为谯周（201—270），徐先生还认为，所谓的扬雄《蜀都赋》，大约也是后人伪托的，其创作年代应晚至左思《三都赋》之后[2]。因临邛火井与盐井有着十分密切的关系，左思（250—305）《蜀都赋》刘逵注说"火井，盐井也"（见《文选》引左思《蜀都赋》刘逵注），所以一般认为临邛火井应是在该地盐井开凿过程中产生出来的。东晋常璩《华阳国志》卷三《蜀志》说，西汉宣帝地节三年（前67）临邛地区曾广开盐井。所以临邛火井应出现

---

[1]　杨雄，即扬雄。《汉书》作扬雄。经清人段玉裁考证，"扬"应作"杨"。

[2]　徐中舒：《论〈蜀王本纪〉的成书年代及其作者》，《社会科学研究》1979年第1期。

于地节三年之后的一个时期。这是我国，也是世界上最早人工开凿的天然气井。

由于天然气具有许多奇异的特性，燃烧起来又是异常壮观和瑰丽，故魏晋时期，许多博物学家、辞赋家都为之赞叹。西晋左思《蜀都赋》云："火井沉荧于幽泉，高焰飞煽于天垂。"东晋文学家、训诂家郭璞（276—324）《盐井赋》说："饴戎见轸于西邻，火井擅奇乎巴濮。"（郭璞《郭宏农集》卷一）东晋大书法家王羲之曾给远在千里之外的四川故人周抚写信，十分关切地了解盐井和天然气的有关情况，说："彼盐井、火井皆有否？足下目见不？欲广见闻。具示。"（明曹学佺《蜀中广记》引。又见《王羲之汇帖大观》）

王羲之故居

王羲之故居位于山东省临沂市兰山区洗砚池街 20 号，为古典园林式建筑。内有古照寺、洗砚池、集柳碑、晒书台、王右军祠等历史古迹。

除去临邛外，当时的酒泉延寿（今玉门）、范阳（今河北定兴县）、幽州酒县（今已分别划归河北涿州市、易县）亦有天然气露头。《博物志》卷二说："酒泉延寿县南，山名火泉，火出如炬。"《宋书》卷三十四《五行志》五说："晋惠帝光熙元年（306）五日，范阳地然（燃），可以爨。"《魏书》卷一一二《灵征》上："孝昌二年（526）夏，幽州酒县地然（燃）。"但这些天然气的成因可能与临邛不同，它们可能是与石油层有关的。

天然气被开凿出来后，人们很快就把它用到了日常生活和生产中，有关记载始见于西晋时期。张华《博物志》卷二说："临邛火井一所，从（纵）广五尺，深二三丈，井在县南百里，昔时人以竹木投以取火，诸葛丞相往视之，后火转盛，热（执）盆盖井上煮盐（水）得盐，入家火即灭，迄今不复燃矣。"这谈了天然气的两项用途，主要是日常生活之照明、取暖和炊事，即"昔时人以竹木投以取火"。二是用作煮盐。这是我国，也是世界上利用天然气煮盐的最早记载。

《华阳国志》卷三《蜀志》也有类似说法，且有所补充："（临邛县）有火井，夜时光映上昭（照），民欲其火，光（先）以家火投之，顷许，如雷声，火焰出，通耀数十里，以竹筒盛其光藏之，可拽行终日不灭也。井有二水，取火煮之，一斛水得五斗盐；家火煮之，得无几也"。可知除日常生活和煮盐用天然气外，这里还谈到了简单的

《读史方舆纪要》

《读史方舆纪要》是古代中国历史地理、兵要地志专著。该书为兵家所重，被誉为"千古绝作"，是研究中国军事史、历史地理的重要文献。

储存、携带技术。按：此"井有二水"句甚难索解，明人顾祖禹《读史方舆纪要》卷七十一疑其脱漏了三字，遂改为"井有二，一燥一水"，此或有一定道理。又，文献云"一斛水得五斗盐"，这是不可能的。因水温18℃时，1升水中氯化钠的最大溶解量为358.6克，故"一斛水"至多能溶3斗多盐，况且浅层卤水去饱和状态甚远。

郦道元

郦道元是北魏时期官员、地理学家，其所撰写的地理著作《水经注》是中国古代最全面、最系统的综合性地理著作。

郦道元《水经注》卷三十三《江水》条还引王隐《晋书·地道记》说朐忍（今四川云阳）县利用天然气煮盐："有石煮以为盐，石大者如升，小者如拳，煮之，水竭盐成。"可见天然气煮盐在当时已非独家采用的工艺。

对于我国使用天然气煮盐的起始年代，学术界是有过不同看法的。1955年时，闻宥在《四川汉代画像选集》第七十四图"煮盐像"说明文中，就提出了我国早在汉代就"利用地下天然煤气煮盐"的观点，之后便广为学术界引用。李约瑟《中国科学技术史》第一卷第七章亦持此说。其实，四川汉画像砖所示煮盐用燃料应是木柴[1]；从西晋张华《博物志》的记载来看，把井火煮盐的起始年代往上推至蜀汉是比较可靠的[2]。

---

[1]　重庆市博物馆编：《四川汉画像砖选集》。

[2]　白广美：《关于汉画像砖〈井火煮盐图〉的商榷》，载《中国盐业史论丛》，中国社会科学出版社1987年版。

（二）冶金技术的缓慢发展

魏晋南北朝的冶金业是不甚发达的，尤其北方，有时甚至陷入了停滞、瘫痪的状态；南方社会虽较安定，生产状况亦远逊于汉。此期的冶铸遗物比较值得注意的是 1974 年河南渑池出土的窖藏铁器，计有 60 多种，4000 多件，3500 公斤；种类包括铁范、农具、手工业工具、兵器、交通工具、铁材、烧结铁等。据考察，除了六角锄和铁板镢等少数器物为汉器外，其余多数是属于曹魏至北魏时期的[①]。我国古代钢铁技术的基本体系在汉代就已形成，此期大体上是沿用、推广汉代的一些技术，很少再有重大创新。青铜在社会生产、社会生活中已退到了辅助性地位。此期冶金技术上值得注意的事项是：灌钢技术已在我国南北普遍推广开来，炒钢和百炼钢技术有了进一步提高，花纹钢技术发展到了较为繁盛的阶段，炼出了镍白铜和黄色的铜砷合金；生产了一定数量的黄铜；在热处理技术中开始注意到了不同的水对淬火质量的影响，发明了油淬；铸铁可锻化退火处理技术仍保持在较高水平上；在军事、农业、手工业中，锻件最后取代了铸件的主导地位。

1. 钢铁冶炼技术

此期的炼钢炼铁技术都有一定发展，炼铁技术上比较重要的事件是水力鼓风的进一步推广和煤炭之用于冶炼。

我国古代水力鼓风约发明于东汉初年，魏晋南北朝便更为广泛地使用起来。《三国志·韩暨传》载：南阳人韩暨任魏国监冶谒者时，曾大力推广过水力鼓风。"旧时冶作马排，每一熟石用马百匹，更作人排，又费功力。暨乃因长流为水排，计其利益，三倍于前。在职七年，器用

---

① 渑池县文化馆等：《渑池县发现的窖藏铁器》，《文物》1976 年第 8 期。

充实。"《太平御览》卷八三三引《武昌记》说：元嘉初年（424），武昌（今鄂州地方）新造了冶塘湖，兴建"水冶"，利用水排鼓风冶炼。清嘉庆《安阳县志》卷五引《水冶图经》说："后魏时引水鼓炉，名水冶，仆射高隆之监造。"水力鼓风的使用不但节省了人力、畜力，而且可提高鼓风量。

关于我国古代冶铁用煤的年代，学术界一直是十分关心的。北魏郦道元（466/472—527）《水经注》卷二"河水"条说："释氏《西域记》曰：屈茨北二百里有山，夜则火光，昼日但烟。人取此山石炭，冶此山铁，恒充三十六国用，故郭义恭《广志》云：龟兹能铸冶。"此"屈茨""龟兹"皆今新疆库车的古名；"夜则火光"二句，是说煤炭因风化而自行燃烧，或因人为开采而加剧了的自燃现象，这是我国古代关于煤炭自燃的最早记载。"人取此山石炭"以下数句，说明当时屈茨已用煤炭冶铁，而且产铁量足供西域三十六国之用，这是我国古代煤炭炼铁的最早记载。因煤发热值较木炭高，资源亦较丰富，故煤之用于冶铁，是具有重要经济意义的。至于此冶铁炼炉是竖炉还是坩埚炉，这是学术界长时期研究的问题。因煤的热稳定性较差，用作高炉燃料时，会严重破坏料柱的透气性，迄今为止，高炉直接用煤冶炼仍然是十分困难的，所以一般认为释氏《西域记》所云应指坩埚冶炼言。自 20 世纪 50 年代后，河北、河南、内蒙古等古地都发现过汉代冶炼坩埚，其中尤其值得注意的是 1979 年地处黄河北岸的洛阳市吉利工区汉墓所出者，在有的坩埚上还粘有煤块、钢块 [1]。黄文弼在《塔里木盆地考古记》中说，1929 年他曾到新疆库车拜城作过实地考察，亦发现过大批古代冶铁坩

---

[1] 洛阳市文物工作队：《洛阳吉利发现西汉冶铁工匠墓葬》，《考古与文物》1982年第 3 期；何堂坤等：《洛阳坩埚附着钢及其科学研究》，《自然科学史研究》1985 年第 1 期。

埚等遗物。所以当时库车用煤作燃料，用坩埚炼铁是完全可能的。今人岑仲勉《中外地理考证》认为，"释氏"即晋代之释道安。郭义恭亦西晋时人。说明早在晋代，西域地区便已大量用煤冶铁。

此期生铁品种有白口铁、麻口铁、灰口铁三种。渑池窖藏铁器所见白口铁有铁铧、铁臿；麻口铁有铁斧、六角轴承；灰口铁有箭头范、"新安"铭文铧范，以及另一件铁臿等。我国古代生铁含硅量一般是较低的，有人分析过 5 件渑池生铁铸件，平均含硅量只有 0.096%，"新安"铭铧范（灰口铁）含硅量也只有 0.21%[1]。硅是有利于石墨化的元素，现代灰口铁要求的含硅量达 1.0%—3.5%，我国古代能在低硅的情况下生产出灰口铁来，在世界铸铁史上甚为鲜见。

铁铧

铁铧是用铸造生铁中的白口铁铸造成的，价格低廉，制造容易，脆而不宜碰撞。在古代，铁铧是装在耧车上用来疏松泥土用的，主要用于耕种。

当时的产铁量亦不算低，尤其南朝，据《梁书》卷十八《康绚传》载，梁代初年，为了军事上的需要，欲堰淮水以灌寿阳（寿县），但合堰甚难。"或谓江淮多有蛟，能乘风雨决毁崖岸，其性恶铁。因是东、西二冶铁器，大则釜鬵，小则锇锄，数千万斤，沉于堰所，犹不能合。"若钢铁产量不高，是绝不能调出这许多铁器去填塞河堰的。北方的产量有时也不低，渑池窖藏铁器便是一例。又，《宋书》卷九十五《索虏传》云，北魏太祖北伐，"取泗渎口，虏碻磝戍主"，获"铁三万斤，大小铁

① 北京钢铁学院金属材料系中心化验室：《河南渑池窖藏铁器检验报告》，《文物》1976 年第 8 期。

器九千余口，余器杖杂物称此”，说明碻磝（今山东聊城市茌平区境）铁冶规模也不小。

此期使用的制钢工艺主要有灌钢法、炒钢法和百炼钢法等。

我国古代灌钢技术约发明于东汉晚期[①]，魏晋南北朝后，南方北方都普遍地推广开来，有关记载亦明显增加。

晋张协（？—307）《七命》云：“楚之阳剑，欧冶所营。邪溪之铤，赤山之精。销逾羊头，镤越锻成。乃炼乃铄，万辟千灌，丰隆奋椎，飞廉扇炭。”此“销”，许慎注为生铁。“镤”或作镂，《广雅》注为铤，即“熟铁”料（《六臣文选》卷三十五张协《七命》），“乃炼乃铄”两句即指灌钢工艺[②]，这整段文字所述则是灌钢制作宝刀宝剑的基本工艺过程。

《重修政和经史证类备用本草》卷四引梁陶弘景云：“钢铁是杂炼生铧作刀镰者。”此“生”即生铁，“铧”即柔铁，可锻铁，是一种比较粗糙的炒炼产品，“杂炼生铧”即灌钢工艺。可知在陶弘景生活的年代已广泛地利用灌钢来制造刀镰一类锋刃器。

《北齐书》卷四十九云：綦毋怀文以道术事高祖，“又造宿铁刀，其法烧生铁精以重柔铤，数宿则成刚。以柔铁为刀脊，浴以五牲之溺，淬以五牲之脂，斩甲过三十扎”。这里谈到了制作宿铁刀的三项主要工艺操作：一是冶炼灌钢，即“烧生铁精”两句，其中“数宿则成刚”意即数次灌炼就可得到性能刚强的产品；二是使用了复合材料技术，即“以柔铁为刀脊”，以宿铁（即灌钢）为刀刃；三是使用了尿淬和油淬，即“浴以五牲之溺”两句。可知这“宿铁刀”实际上是以灌钢为刃，热处

① 何堂坤：《关于灌钢的几个问题》，《科技史文集》第15辑，上海科学技术出版社1989年版。

② 华觉明：《中国古代钢铁冶金技术》，《金属学报》1976年第2期。

理技术掌握较好的宝刀。

今人分析过的此期炒钢实物较少，所知只有洛阳晋元康九年徐美人刀等器[①]。但从各地所出铁器的外形考察以及部分文献记载来看，此期炒钢工艺显然是有了发展的。前云四川昭化宝轮镇南北朝崖墓所出铁锄、穿肩铁斧，形态与宋元的比较接近；1965年北燕冯素弗墓所出铁斧、扁铲，皆系锻制而成；又渑池窖藏铁器中的锻件有铁钎，残长达124.9厘米，径3.5—8.1厘米。此外还出土了11件铁砧，是锻铁时作砧子用的。这些锻件的原料，原应是一种炒炼产品。嵇康好锻的故事，更是为世人所熟知，《三国志》卷二十一裴松之注、《太平御览》卷三八九所引《文士传》等都曾谈及。又，《南齐书》卷三十《戴僧静传》云："锻箭镞用铁多，不如铸作。东冶令张候伯以铸镞钝不合用，事不行。"可见至少在南朝时，锻制箭镞已取代了铸件的主导地位，其原料自然也是炒钢的。我国古代的炒钢，在汉代主要用来制作刀、剑类大型兵刃，生产工具则多用可锻铸铁制成，箭镞则用青铜或可锻铸铁；此锻制铁斧、铁锄、铁箭镞的大量使用，充分说明了炒钢技术的发展和"以锻代铸"过程已基本完成。

百炼钢原料是一般的炒钢，基本工艺是千锤百炼[②]。它约发明于东汉时期，魏晋之后有了进一步的发展，有关记载亦多了起来。三国时期，魏蜀吴三帝皆造作"百炼"型钢铁刀剑。《北堂书钞》卷一二三引曹操《内诫令》说："往岁作百辟刀五枚，吾闻百炼利器，辟不祥，摄伏奸宄者也。"《古今注·舆服》云，吴大帝有宝刀三，"一曰百炼，二曰青犊，

---

① 李众：《中国封建社会前期钢铁冶炼技术发展的探讨》，《考古学报》1975年第2期。

② 何堂坤：《百炼钢及其工艺》，《科技史文集》第13辑，上海科学技术出版社1985年版。

刘备

刘备是东汉末年幽州涿郡涿县人，三国时期蜀汉开国皇帝，史家多称他为先主。陈寿评价其"弘毅宽厚，知人待士，盖有高祖之风，英雄之器焉。"

三曰漏影"。《刀剑录》载："蜀主刘备令蒲元造刀五千口，皆连环，及刃口刻七十二炼，柄中通之兼有二字。"《太平御览》卷六六五引梁陶弘景云，晋永嘉（307—313）中，刘懜多奇，凡试刀之钝利，先以发悬束芒于杖头，挥刀砍之，须芒断而发连者方为良，且计芒断之多少而较刀之高下，"有一百炼刚刀，斫十二芒"。南朝时有一种"横法刚"，也是百炼成的。又，夏赫连勃勃凤翔（413—417）年间，亦制作过百炼钢刀。《晋书》卷一三〇云，赫连勃勃以叱干阿利领将作大匠，阿利性尤工巧，"造百炼刚刀，为龙雀大环，号曰大夏龙雀"。其背铭曰："古之利器，吴楚湛卢，大夏龙雀，名冠神都；可以怀远，可以柔迪，如风靡草，威服九区。世甚珍之。"在一般诗文中，"百炼钢"说更为习见，刘琨《重赠卢谌》所云"何意百炼钢？化为绕指柔"，便是大家十分熟悉的诗句。

百炼钢的具体操作应有多种类型，从有关实物分析和文献记载来看，其中最为重要的一种应是多层积叠反复折叠锻合法。1978年，徐州市铜山区收集到一把铭作"建初二年蜀郡西工官王愔造五十涷"的长剑，经考察，其刃部组织计约50层左右，层与层之间含碳量不甚均匀，但层内比较均匀[①]。1974年，山东兰陵收集到一把"永初六年五月丙午造卅涷大刀"，经考察，其刃部组织亦是分层的，且为30层左右[②]。这显然系由含碳量不十分一致的钢铁材料经多层积叠，反复折叠所致。这也说明在汉代，此"炼数"与刀剑组织层数间是有一定关系的。又，前云曹操的百炼利器又叫"百辟刀"。"辟"者，襞也，原指衣服上之褶裥也，可见曹操的百炼利器也是百层积叠、百层折叠锻合而成。一般炒钢经反复锻打、千锤百炼后，便可进一步排除夹杂、均匀成分、致密组织；多层积叠时，往往还可起到刚柔相济的作用。这种方法后来传到了日本，对日本刀工艺产生过许多重要的影响。

2. 铜及其合金冶炼技术

此期南方北方的冶铜业都有过一些发展，其中又以南方为盛。南方较大的产铜地有三：丹阳郡、武昌和南广郡。《三国志》卷六十四《诸葛恪传》说，恪"以丹阳地势险阻……山出铜铁，自铸甲兵"。《太平寰宇记》卷一一二"鄂州·武昌"条说："白雉山在县西北二百三十五里……南出铜矿。自晋、宋、梁、陈以来，置炉烹炼。"湖北鄂城还发现过孙吴东晋时期的采炼铜遗址。《南齐书》卷三十七《刘悛传》云，齐武帝永明八年，"悛启世祖曰：南广郡界蒙山下有城名蒙城。可二顷

①　徐州市博物馆：《徐州发现东汉建初二年五十涷钢剑》，《文物》1979年第7期。分析报告见前何堂坤《百炼钢及其工艺》，并见《自然科学史研究》1984年第4期韩汝玢文。

②　刘心健等：《山东苍山发现东汉永初纪年铁刀》，《文物》1974年第12期，分析报告见前《考古学报》1975年第2期李众文。

地，有烧炉四所，高一丈，广一丈五尺，从蒙城渡水南百许步，平地掘土深二尺得铜……甚可经略……上从之，遣使入蜀铸钱，得千余万。功费多乃止"。这里不但谈到了南广郡产铜事，而且谈到烧炉规模。北方产铜地主要分布在今河南、山东两地。《魏书》卷一一〇《食货志》载，尚书崔亮曾奏请开采了恒农郡（今河南陕县）的铜青谷、苇池谷、鸾帐山铜矿，河内郡（今河南沁阳）王屋山铜矿，每斗得铜4~8两不等，并恢复了南青州（今山东益都）苑烛山、齐州（今山东历城）商山两处铜矿。《魏书》卷四九《崔鉴传》载，孝文帝时，崔鉴"出为奋威将军、东徐州刺史……又于州内冶铜以为农具，兵民获利"。此期的铜约有四大用处，即佛事用、建筑用、铸造钱币及日用器。总的来看，此期铜生产量并不大，《宋书》卷三载，为示节俭，宋武帝永初二年（421）还曾下令"禁丧事用铜钉"。

此期铜合金技术取得了三项比较重要的成就，即炼出了镍白铜和砷铜，生产了一定数量的黄铜。

东晋常璩《华阳国志》卷四《南中志》云："堂螂县因山而得名，出银、铅、白铜，杂药有堂螂、附子。"堂螂县在今云南会泽县境，与巧家县接界，接近东川铜矿和四川会理铜镍矿。从清代以后的大量资料看，此"白铜"系镍白铜是无疑的，这是我国，也是全世界关于镍白铜的最早记载。有人分析过会理力马河铜矿的成分，知其含镍1.12%、铜3.36%、铁22.6%[①]。还有人分析过一件传世的白铜墨盒，知其成分为：铜62.5%、锌22.1%、镍6.41%、铁0.64%、锡0.28%、铅0%[②]。早期镍白铜应是由铜镍共生矿炼制的，之后才发展到了有意配制的阶段。这中间的演变过程，可以进一步研究。

① 《中国矿产地一览表》第2卷下，第75页，1942年。
② 王琎：《中国铜合金内之镍》，《科学》第13卷第10期，1929年。

在此值得注意的是，古代"白铜"一词的含义，在不同地方未必是一样的，它可能指镍白铜，也可能指砷白铜，还可能指其他铜合金。传世汉光和元年神兽镜铭说："光和元年五月作尚方明竟，幽谏白同。"此"白铜"显然是指高锡青铜言。一些收藏家常称赫连勃勃铸作的"大夏真兴"和隋五铢为白铜钱，但人们检测过的中国历史博物馆部分藏品，却都是锡青铜质。《玉篇》云："鋈，白金也。"此白金一般认为是镀了锡的金属。

我国古代冶炼和利用铜砷合金的时间至迟可上推到商周时期，日本学者分析过一件传为郑州出土的商代晚期铜戈，合金成分为：铜 83.05%、铅 10.11%、砷 4.72%、铁 1.07%[1]。又有学者分析过一些昭乌达盟林西春秋矿冶遗址出土的金属颗粒，其平均锡、砷量分别为 20% 和 4.5%[2]。但一般认为，它们都应当是用共生矿炼制的。目前学术界对我国何时有意识地配制了铜砷合金尚有不同看法，有人认为是晋，也有学者把它推到西汉。我们比较倾向于晋代说。晋葛洪（283—363）《抱朴子·黄白篇》曾详细地谈到了一种制造假"黄金"的方法。第一步是先取武都雄黄，捣之如粉，以牛胆汁和之，后把戎盐、石胆末、雄黄末、炭末置于赤土釜中，并加热。戎盐系熔剂，雄黄和石胆被还原而生成铜砷合金。第二步

铜戈

铜戈用于钩杀，它是古代兵器中的一种"勾兵"，由铜制的戈头、木或竹柲、柲上端的柲冒和下端的铜镈四部分构成。

① 山内淑人等：《古利器的化学的研究》，《东方学报》京都第 11 册。

② 李延祥等：《林西县大井古铜矿冶遗址冶炼技术研究》，《自然科学史研究》1990 年第 2 期。

是使此铜砷合金与丹砂水（硫化汞在醋和硝石的混合液中溶解而成）作用，捣碎，加入生丹砂和汞，加热冶炼，"立凝成黄金矣"。此第二步或与精炼有关。这是我国古代关于生产黄色铜砷合金的最早记载[①]。稍后的梁陶弘景《名医别录》云雄黄"得铜可作金"，说的应是同一意思。至迟成书于后赵（319—351）的《神仙养生秘术》还谈到了点化白色铜砷合金的方法，说"其四点白，硇砂四两、胆矾四两、雄黄四两、雌黄四两、硝石四两、枯矾四两、山泽四两、青盐四两，各自制度"。此"点白"即点化白色铜砷合金。雄黄、雌黄分别为 As_2S_2、As_2S_3，该书还谈到了一系列点化操作[②]。可见直到东晋为止，我国对炼制黄色铜砷合金（含砷 < 10%）和白色铜砷合金（含砷 ≥ 10%）的技术都有了初步了解。

我国古代对铜锌合金（即黄铜）的冶炼和使用约可上推到龙山文化时期[③]，但当时的锌很可能是以共生矿形式带入的，对我国人工配制铜锌合金的起始年代，学术界还存在许多不同看法。《太平御览》卷八十三引魏钟会（225—264）《刍荛论》说："夫莠生似禾，输石像金。"又，梁宗懔《荆楚岁时记》说："七月七日，七夕，妇人结彩缕，穿七孔针，或以金银输石为针，陈瓜果于庭中以乞巧。"据研究，"输石"在我国古代约有两种含义：一指黄铜矿（$CuFeS_2$），二即是作为铜锌合金的黄铜，此前一段文献提到的"输石"像金，后一段提到的"输石"可以为针，皆属铜锌合金无疑。这都是我国古代关于黄铜的较早记载，虽文献上不曾提到它的冶炼工艺，但从梁时民间以之为针来看，说当时我国

---

① 王奎克等：《砷的历史在中国》，《自然科学史研究》1982 年第 1 期。

② 赵匡华等：《我国金丹术中砷白铜的源流与验证》，《自然科学史研究》1983 年第 1 期。

③ 孙淑云等：《中国早期铜器的初步研究》，《考古学报》1981 年第 3 期。唐兰：《中国青铜器的起源与发展》，《故宫博物院刊》1979 年第 11 期。

硇砂

硇砂主要用于消积软坚，破瘀散结。可治症瘕痃癖、噎膈反胃等。

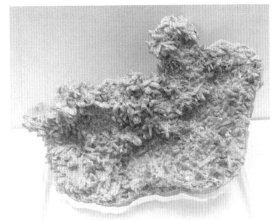

雌黄

雌黄是一种单斜晶系矿石，主要成分是三硫化二砷，有剧毒。

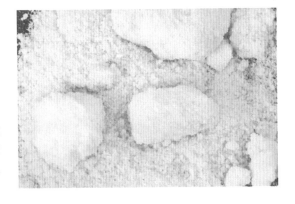

青盐

青盐是从盐湖中直接采出的盐和以盐湖卤水为原料在盐田中晒制而成的盐。可作食用盐、食物防腐剂。

已生产了一定数量的黄铜应是不错的。在此有一点需要顺带指出的是，我国古代文献中的"黄铜"一词，在不同地方往往也有不同的含义，须得好生分析；《宋会要辑稿·食货三三》所云"黄铜"应指以黄铜矿为原料，以火法冶炼得到的赤铜言，在我国古代文献中，"黄铜"一词是到了元、明之后才专指铜锌合金的[①]。

3. 铸造技术

此期南方北方的铸造技术都有一定的发展。《魏书》卷一一〇《食货志》云："铸铁为农器兵刃，所在有之。"这大体上反映了当时的实情。从渑池铁器窖的出土情况看，截至北魏为止，不仅是农具，而且许多手工业工具，以及箭镞等兵刃器，都曾用浇铸法成型，这一方面说明了铸造技术之发展，另方面也说明，"以锻代铸"经历了何等漫长的过程。我国古代铸造工艺的一些基本形式此期都在沿用，但最值得注意的应是铁范铸造和层叠铸造两种。

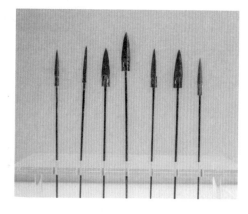

箭镞

箭镞也就是金属箭头，古时有青铜质的，后改进为铁质箭头。

铁范铸造约发明于战国时期，魏晋南北朝仍使用得十分普遍，河南渑池汉魏铁器窖曾出土过各种不同种类和形式的铁范计152件，其中有铁板范64件，双柄犁花3件，犁铧范32件，臿范5件，斧范12件，镞范18件，此外还有镰范、锤范、碗形器范，锄形器范等。其中斧范

① 赵匡华：《中国历代"黄铜"考释》，《自然科学研究》1987年第4期。

2 式，Ⅰ式为砍伐工具，Ⅱ式为兵器。箭镞范计 5 式，即柳叶式、长四棱尖头式、长四棱圆头式、短四棱倾斜式、短四棱束腰式，一范可铸6~10 支。铁范铸造的基本操作应与汉代无异，通常可分作五大工序：（1）先用木料等制作出实物的模子；（2）由模子制作"一次泥型"；（3）以"一次泥型"为模，制出"二次泥型"；（4）以"二次泥型"浇铸出金型，其尺寸应与"一次泥型"相应；（5）以金型浇出产品来，此产品尺寸应与木模相应。铁范铸造的优点是：因铸型可无数次使用，从而减少了制范工作量和制范周期，提高了生产率。同时，铁范铸造易于得到白口铁组织，便于下一步的可锻化处理。

层叠铸造约发明于东周时期，汉魏南北朝时有了进一步发展，它主要用来铸造钱币和部分小型器物。1975 年，江苏句容县葛村曾出土过东吴"大泉五百""大泉当千"钱及其叠铸清理下来的浇口杯和直浇道部分。直浇道呈截头圆锥形，上粗下细，残长约 14 厘米。钱币型腔呈"十"字形分布，每层可铸 4 枚，计 20 余层，一次可铸百余枚[①]。关于句容叠铸泥范的造型过程，目前尚无确切资料。1935 年南京通济门外出土过梁武帝时的铸钱泥范，因钱文比较呆板，故有人认为它可能是用木戳印成，而其各段范片上的钱形排列各不相同，故人们又推测，其所用木模是较多的[②]。

魏晋南北朝的铸件，除一般生产工具、兵器、日用器外，还有一些大型佛像、人像、铜镜、铜钱、铁钱、大铁镬等，也很值得注意。此时佛教已广为流传，铸制佛像之风甚盛。《魏书》卷一一四《释老志》云："兴光元年（454）敕有司于五缎大寺内为太祖已下五帝铸释迦立像五，各长一丈六尺，都用赤金二万五千斤。"天安二年（467），"又于天宫

---

① 刘兴：《江苏句容县发现东吴铸钱遗物》，《文物》1987 年第 1 期。
② 郑家相：《历代铜质货币冶铸法简说》，《文物》1959 年第 4 期。

寺造释迦立像，高四十三尺，用赤金十万斤，黄金六百斤"。此期铜镜中，要数鄂城所出孙吴铜镜最为工精，如三角缘鸟兽镜、画纹带神兽镜、四叶八凤佛像镜等，都曾引起过国内外学者的注意。曹魏铜镜还传到了日本，在中日文化交流史上占有重要的地位。《三国志》卷三十《倭人传》：景初二年（238）十二月，倭王俾弥呼遣使来朝，魏王赐"五尺刀二口，铜镜百枚"等物。关于这百枚铜镜的形制，日本学术界一直都是十分注意的，并且迄今仍在进行热烈的讨论。据稗史称，京口北固山甘露寺有二大铁镬，系梁天监（502—519）中所铸，上有铭文可辨，云其为五十石镬。另外，《魏书》卷七十四还谈到过不少铸制的人像，所有这些铸件，自然均需一定的设备能力和技术水平。

4. 锻造技术

魏晋南北朝的金属锻造技术取得了不少进展，除前述百炼钢外，花纹钢、铁锁链、金箔等的加工都是很值得注意的；尤其是花纹钢，它表现了最为高超的技艺。

花纹钢原是一种带有花纹的钢铁材料，一经抛光后，有时再腐蚀一下，花纹即现。我国古代花纹钢都是平面花纹，看得见，摸不着，可摄影，不可拓摩。

我国花纹钢发明较早。据《吴越春秋》卷四载，传说春秋末年，吴国铸剑大师干将制作了铁剑两枚：一曰"干将"剑，身作"龟文"；一曰"莫邪"剑，身作"漫理（水

干将莫邪像
干将莫邪是古代中国神话传说，讲述了干将、莫邪夫妇为楚王铸剑，楚王杀害干将，后其子为父报仇的故事。

波纹）。后者被献给了吴王。又据《越绝书》卷十一载，传说春秋末年时，越国铸剑大师欧冶子制作了铁剑三枚，一叫龙渊，"观其状如登高山，临深渊"；二叫泰阿，"观其钣巍翼翼，如流水之波"；三叫工布，"钣从文起，至脊而止，如珠不可衽，文若流水不绝"。此二书原皆汉代著作，可知汉或汉前已有花纹钢无疑。东汉末年和魏晋南北朝时，有关花纹钢的记载明显增加。曹丕《剑铭》云：建安二十四年，丕命国工精炼宝刀宝剑九枚，皆因姿定名。宝剑"色似彩虹"者，名曰"流采"；宝刀"文似灵龟"的，名叫"灵宝"；"采似丹霞"的就叫"含章"；露陌刀"状如龙文"，谓之"龙鳞"；皆系"至于百辟，其始成也"；故其刀又叫"百辟宝刀"，剑又叫"百辟宝剑"，匕首又叫"百辟匕首"。此外，曹毗《魏都赋》、傅玄《正都赋》、裴景声《文身刀铭》《文身剑铭》、张协《七命》《文身刀铭》等，都赞美过花纹钢刀剑。傅玄《正都赋》云："苗山之铤，铸以为剑，百辟文身，质美铭鉴。"裴景声《文身刀铭》云："良金百炼，名工展巧，宝刀既成，穷理尽妙；文繁波回，流光电照。"这许多文字，都是清新俊秀，脍炙人口的。

从文献记载看，汉魏南北朝的花纹钢工艺主要有二。一是"百辟百炼"，即把含碳量不同的铁碳合金多层积叠，反复折叠锻打，曹丕《剑铭》，傅玄《正都赋》所云皆属此类；二是"万辟千灌"，其基本操作与灌钢工艺是相类的，如张协《七命》所云。这花纹钢原是组织和成分极不均匀的钢铁集合体，抛光了或再稍加腐蚀后，在自然光作用下，高碳部分颜色较亮，低碳部分颜色较暗，明暗相间，黑白相映，是即所谓的花纹。花纹钢制作是十分艰难、十分复杂的；加热温度不宜过高，否则会因组织和成分均匀化而使花纹消失；因其需反复锻打、千锤百炼，如若温度稍有不均，或锤锻稍有不慎，焊合不好，便会前功尽弃。与"百辟百炼"相类的工艺在 20 世纪 30 年代时北平仍在沿用。

此时，一种外国花纹钢，即镔铁——大马士革钢也传入了我国。《魏书》卷一〇二《西域列传》说：波斯国都宿利城，出金、银、鍮石、"金刚、火齐、镔铁"；《周书》卷五十《异域列传》也曾谈到波斯产镔铁。这是我国古代文献中关于镔铁的较早记载。镔铁有多种不同的工艺，其中一种与我国花纹钢百辟工艺相似，唐慧琳《一切经音义》卷三十五曾有记载。

从现有资料看，在我国古代军事和交通上产生过重要影响的大型锁链至迟发明于西晋时期。《晋书》卷四十二《王濬传》云：太康元年，濬等伐吴，克丹阳，"吴人于江险碛要害之处立以铁锁横截之，又作铁锥长丈余，暗置江中以逆距船"。此"铁锁"即铁锁链。《南史》卷二十五《垣护之传》云：垣护之"随玄谟入河，玄谟攻滑台"；"玄谟败退，魏军悉牵玄谟水军大艒，连以铁锁三重断河，以绝护之还路"。《南史》卷六七《肖摩诃传》云：周武帝遣其将宇文忻争吕梁。摩诃深入周军，纵横奋击。及周遣王轨来赴，"结长围，连锁于吕梁下流，断大军还路"。此外，《北史》卷六二《王轨传》等都谈到过铁锁链在军事上的应用。这些铁锁链的锻制，自然也不是十分容易的。

5. 热处理技术

在此期热处理技术中，比较值得注意的是铸铁可锻化退火和钢的淬火，前者基本上是沿用了汉代的一些操作，后者则取得了两项较为重要的成就，即认识了不同的水对淬火质量的影响，发明了油淬[①]。

铸铁可锻化退火在东汉以后就发展到了较为成熟的阶段，此期仍保

---

① 何堂坤：《我国古代的钢铁热处理技术》，载《技术史丛谈》，科学出版社1987年版。

持在较高水平上，这在渑池铁器中表现得最为明晰[1]。

一是可锻化退火处理器件的中心很少或不再残留有白口铁组织。人们分析过12件渑池出土的可锻化处理件，全都是这样的。

二是脱碳退火和石墨化退火在使用上的分工表现得十分明显，前一操作主要用于斧、镰一类对锋利性能要求较高的器件，后一操作则主要用在铲、锄、镢、铧等对锋利性要求不高的农具上。在渑池12件可锻化处理铁器中，有10件为脱碳退火，其中6件是斧，2件是镰，作石墨化退火的两件器物分别是铲和铧。

三是作可锻化退火处理的Ⅱ式斧（257号）中析出了球状石墨。

四是部分器件脱碳退火成了熟铁和钢后，又在刃部进行了局部渗碳。如镰（528号）刃部边缘珠光体占70%，中心的珠光体只占30%左右；Ⅰ式斧（471号）边部表层含碳量为0.7%~0.8%，稍里为0.5%~0.6%，中心含碳量只有0.3%~0.4%。这显然是渗碳所致的。而Ⅱ式斧（257号）刃部在作了局部渗碳后还进行了锻打加工。这说明人们对于脱碳、渗碳已有了相当的认识，操作上亦表现了较高的技艺。

此期水淬技术上的主要成就是由《蒲元传》记述下来的，其云：蒲元于斜谷为诸葛亮制刀三千口，他认为汉水钝弱，不能作淬火用，不如蜀水爽烈，于是派人往成都取水。有一人从成都取水后率先回到了斜谷，元"以淬，乃言：'杂涪水，不可用'。取水者犹悍言不杂。君以刀划水，云：'杂入升，何故言不？'取水者方叩头首伏云：'实于涪津渡负倒覆水，惧怖，遂以涪水入升益之'。于是咸共惊服，称为神妙。刀成，以竹筒密内铁珠，满其中，举刀断之，应手虚落，若薙生刍，故

---

① 北京钢铁学院金属材料系中心试验室：《河南渑池窖藏铁器检验报告》；北京钢铁学院李众：《从渑池铁器看我国古代冶金技术的成就》，均载《文物》1976年第8期。

称绝当世，因曰神刀"（《太平御览》卷三四五引）。这段记载或有些夸张，但与现代技术原理是基本相符的。因不同地区的水所含矿物质的多寡、种类都不一样，导热性能就各有差异。对淬火质量就会造成不同的影响，这是我国古代关于选择淬火剂的最早记载。明代李时珍《本草纲目》卷五"水部·流水"条也有类似说法："观浊水流水之鱼，与清水止水之鱼，性色迥别，淬剑染帛，各色不同，煮粥烹茶，味亦有异。"说的都是同一道理。

人们使用得最多而且最早的淬火剂是水。水淬的优点是在高温区（550~650℃）冷却较快，缺点是低温区（200~300℃）也冷却较快，易造成较大的组织应力，于是人们又发明了油淬。我国古代有关油淬的记载始见于前引《北齐书》所云綦毋怀文造宿铁刀事，其中"浴以五牲之溺"即以动物之尿为淬火剂，尿实际上是含有多种矿物质的水溶液；"淬以五牲之脂"意即以动物之油作淬火脂，是即油淬。油淬的优点是在低温区冷却较慢，从而可减少组织应力，缺点是在高温区也冷却较慢。今人常在高温区使用水淬，低温区使用油淬，这样就既避免了珠光体类型的转变，保证了工件能获得较高硬度，又避免了因组织应力而产生裂纹。文献上说綦毋怀文既使用了尿淬，又使用了油淬，这是否属于分级淬火，可以进一步研究。

6. 表面加工

魏晋南北朝时，因铜器使用量减少，除了铜镜外，外镀铅锡的操作已经很少使用，此时比较值得注意的表面加工有鎏金和金银错等项。

在考古发掘中，三国、两晋、南北朝都有鎏金器物出土。1971 至 1977 年，湖北鄂城先后出土了 3 件孙吴时期的鎏金画纹带神兽镜[①]；

① 湖北省博物馆：《鄂城汉三国六朝铜镜》图 95、96、97，文物出版社 1986 年版。

1953 年江苏宜兴晋墓出土有鎏金花瓣铜饰 5 件[①]；1973 年山西寿阳县贾各庄一座北齐早期墓出土鎏金器 60 多件，其体形小巧，为南北朝所鲜见[②]；1965 年广东韶关南朝墓出土有鎏金指环等。此期的鎏金操作与汉代大体上是一致的，《本草纲目》卷九《金石·水银》集解引梁陶弘景云：水银"能消化金银使成泥，人以镀物是也"，可见古人对鎏金工艺已有了相当的认识。

为了满足统治阶级的特殊需要，此期的金银错工也有一定发展。《魏书》卷一一〇《食货志》云："和平二年（461）秋，诏中尚方作黄金合盘十二具，径二尺二寸，镂以白银，钿以玫瑰。其铭曰：'九州致贡，殊域来宾，乃作兹器，错用具珍。锻以紫金，镂以白银，范围拟载，吐耀含真。纤文丽质，若化若神。皇王御之，百福惟新。'"由此描述情况看，其技术水平是不低的。《邺中记》中也谈到了不少镶金银的斗帐、香炉、屏风等。今见于考古发掘的有：1966 年陕西省博物馆收集到的前凉升平 13 年（369）金错泥筩（按：器为铜质，呈竹筒状）[③]；故宫博物院珍藏的一件六朝蟠龙镇，通体错金银；1965 年辽宁冯素弗墓出土的错金柿蒂纹大铁镜[④]。前云鄂城鎏金画纹带神兽镜的钮部都曾错金。但总的来看，数量还是不太多的。

（三）南方青瓷的发展和北方瓷业的产生

魏晋南北朝是我国古代陶瓷技术发展的一个重要阶段，南方因社会比较稳定，东汉晚期发明出来的青瓷、黑瓷都得到了进一步发展；长江

① 罗宗真：《江苏宜兴晋墓发掘报告》，《考古学报》1957 年第 4 期。
② 王克林：《北齐库狄回洛墓》，《考古学报》1979 年第 3 期。
③ 秦烈新：《前凉金错泥筩》，《文物》1972 年第 6 期。
④ 黎瑶渤：《辽宁北票县西官营子北燕冯素弗墓》，《文物》1973 年第 3 期。

青瓷

青瓷是中国著名传统瓷器的一种，是表面施有青色釉的瓷器，青瓷色调的形成，主要是胎釉中含有一定量的氧化铁，在还原焰气氛中焙烧所致。

黑瓷

黑瓷是施了黑色耐高温釉的瓷器，是民间常用器皿的釉色之一。黑瓷产生于南方，但生产黑瓷的中心却在北方。

白瓷

白瓷的釉料中没有或只有极微量的呈色剂。白瓷是汉民族传统瓷器，其巅峰成就为北宋的汝窑。

下游的江、浙地区，长江中上游的赣、湘、鄂、蜀地区，以及东南沿海的闽、粤、桂一带，都烧出了独具地方特色的瓷器，并在胎料、釉料的选择和配制，成形、施釉、筑窑和烧造技术上，都取得了长足的进步。北方则因战祸连年，陶瓷技术长期停滞不前，及至北魏才在南方影响下烧出了青瓷和黑瓷，之后又烧出了白瓷。白瓷的出现，是我国古代劳动人民的又一贡献。

浙江是我国瓷器的重要发源地和主要产地之一。由于制瓷技术的迅速发展，此期已逐步形成了越窑、瓯窑、婺州窑、德清窑四大窑系。其中又以前者发展最快，窑场分布最广，瓷器质量最好。在江苏，均山窑亦开始形成。

越窑主要分布于古越人居住的上虞、余姚、绍兴等地。始烧于东汉，是我国最先形成、产品风格一致的窑系。此期越窑址除上虞、绍兴、余姚外，在萧山、金华、永嘉、余杭、德清、吴兴、临海、宁波、丽水、奉化等县、市都有发现[1]。仅上虞一区，三国时期的越窑便超过30处，较东汉激增了四五倍之多；西晋越窑又达60多处；东晋时期，由于江西、湖南、四川等地瓷业的发展，上虞越窑才见减少。今见上虞东晋窑址只有30处左右。越窑瓷器的特点是胎质致密坚硬、釉层光滑，在视线易于接触到的口、肩、腹部装饰有各种花纹。三国末年到西晋，其制瓷技术益加精巧，品种亦较丰富，但其许多产品都堆雕刻画，器形复杂；上塑亭台、楼阙、佛像、各色人物和禽兽的谷仓，肩部堆塑神鹰的鹰形壶等，恐非一般平民所能使用；及至东晋后期，越窑青瓷方出现了普及的趋势，造型趋于简朴，各种装饰减少。

长江中上游的江西、湖南、湖北、四川也是我国早期青瓷的重要产

---

① 中国社会科学院考古研究所：《新中国的考古发现和研究》，文物出版社1984年版，第635页。

地。江西汉代就已烧出了青瓷，三国西晋便达到了较为成熟的阶段[1]；今发掘的丰城罗湖南朝窑址，是著名唐洪州窑的前身[2]。湖南青瓷亦创始于东汉时期[3]，魏晋之后有了进一步发展。1973年发现的湘阴青瓷窑，是著名唐岳州窑的前身，约创始于魏晋[4]。四川、湖北地区始烧青瓷的时期稍晚，但前者在魏晋、后者在晋代亦开始烧造。东南沿海的广东出土过不少两晋南朝青瓷器，近年在深圳市沙田猪肉地和岗头山还发现了四座馒头窑[5]。广西青瓷约始烧于南朝时期，目前虽在桂北、桂东、桂东南都出土了许多东晋至南朝青瓷，但相当大一部分是外地传入的，只有一部分为本地烧造[6]。福建青瓷亦始烧于东晋至南朝时期，目前在泉州、福州等地都发现了一些南朝窑址[7]；但福建两晋和南朝前期墓葬仍然是以越窑产品为主的。

此时，文献上也出现了关于"瓷"的记载。其中最为重要的资料是晋潘岳（247—300）《笙赋》对瓷的外表形态进行了描述，说"披黄苞以授甘，倾缥瓷以酌酃"。其中的"瓷"应即是瓷器；缥，《说文解字》释为"帛白青色"，《释名》释为浅青色，故今世学者释"缥瓷"为青白釉，或者青黄釉的瓷器。此外，晋人吕忱的《字林》中亦出现过"瓷"字，只可惜原书早已亡佚，今人只见辑本。

北方青瓷技术约出现于北魏时期，近年在洛阳北魏城址出土了不少

---

① 朱家栋：《江西陶瓷考古综述》，《景德镇陶瓷》1989年第1期。

② 江西省历史博物馆等：《江西罗湖窑发掘简报》，见《中国古代窑址调查发掘报告集》，文物出版社1984年版。

③ 《文物考古工作十年》，文物出版社1990年版，第213页。

④ 《文物考古工作三十年》，文物出版社1979年版，第318页。

⑤ 《文物考古工作十年》，文物出版社1990年版，第224—225页。

⑥ 覃义生：《广西出土的六朝青瓷》，《考古》1989年第4期。

⑦ 曾凡：《福建南朝窑址发现的意义》，《考古》1989年第4期。

青瓷和黑瓷制品[1]；河北省的河间、吴桥、赞皇和磁县等亦出土过北魏时期的青瓷；但此期北方窑址发现较少。目前所知仅有：山东淄博寨里青瓷窑和河北内丘白瓷窑，前者至迟创烧于东魏（534—543），并一直延续到了唐代中晚期[2]；后者是邢窑的前身，始烧于北齐，隋唐时烧出了黑釉、黄釉、三彩器等，唐末五代衰落。

洛阳北魏大市出土的青瓷器有杯、盏、钵，黑瓷有碗、杯、盂等，以青瓷居多。青瓷、黑瓷技术已趋成熟，但仍显示了一些原始性。多数青瓷胎体厚重，加工粗糙，其色灰黄，多数釉面缺少光泽、透明度较差，少数器物存在脱釉现象。黑瓷胎釉结合较好，釉层脱落甚少。值得注意的是有一种青瓷杯（Ⅱ式）胎质洁白，质地坚硬，薄胎薄釉，釉色淡青明亮，微透白色胎骨。从而显示了一些白瓷的特征，说明北方白瓷已经萌芽。

寨里东魏瓷器主要有碗、盆、器盖等，其中以碗居多，器类较为简单。此期的寨里瓷多呈青褐色和黄褐色，少数为深褐色，近于黑色，釉层厚薄不均，呈斑块状，且常有垂泪状，器内挂釉更加不均，内底聚釉甚厚，但他处却有露胎现象。胎质厚重、疏松。并见有气孔和黑斑，断口呈褐色。显示了相当的原始性。

此期南方和北方的制陶业亦有不少差别。在整个六朝时期，南方陶业都有一定发展，尤其是陶制明器。在孙吴和西晋时期，明器器型有谷物加工工具、生活用具、家畜家禽等；陶胎多为红色，外施一层棕黄色的薄釉。东晋以后，庄园经济在南方得到较大发展，器形以仪从车马为主，其他明器逐渐衰退。六朝日用陶器出土较少，除了缸外，多是火候

①　杜玉生：《北魏洛阳城内出土的瓷器与釉陶器》，《考古》1991 年第 12 期。

②　山东淄博陶瓷史编写组，《山东淄博寨里北朝青瓷窑址调查纪要》，见《中国古代窑址调查发掘报告集》，文物出版社 1985 年版。

三、手工业技术

陶缸

在中国古代陶缸是作为贮藏酒的容器。用其
贮藏酒，可以提升酒的口感。

较低，质地疏松的灰陶，与前代实用硬陶明显不同。陶缸在浙江上虞和江苏南京发现较多，一般高约 80 厘米、口径 40 厘米、底径约 30 厘米左右，胎色青灰，外施一层黑褐色釉。由于制瓷技术的发展，除了大型特别器物外，一般生活用陶已退居次要地位[①]。在北方，三国两晋陶业都远不及汉代发达，民间流行的陶器多为火候较低，质量较差的灰陶；北魏之后，汉代发明的低温釉陶始才复苏、流行，并且用到了建筑业中。

1. 南方制瓷技术的主要成就

首先是胎料选择和加工技术有了稳步发展。由现有分析资料看，东汉至五代，及至北宋，南方青瓷一般都是采用本地瓷石为原料的，但在不同的地区，不同的历史阶段，因原料选择，配制上的差别，瓷胎成分也产生了许多差异。此期胎料配制技术上的两个重要事项是越窑瓷胎含铁量增加和婺州窑化妆土的使用成功。

表一所列为魏晋南北朝青瓷、黑瓷胎的化学成分，其中有越窑青瓷器 14 件（SHT_1-（2）、SY-16、J4、J6、NB4、J5、李 3—李 10）婺州窑青瓷器 1 件（J7），其 SiO_2 和 Al_2O_3，含量分别处于 73.51%~78.00%，14.85%~18.06% 之间，与东汉越窑青瓷并无明显差别，但 Fe_2O_3 含

① 中国硅酸盐学会：《中国陶瓷史》，文物出版社 1982 年版，第 170 页。

量明显提高，波动范围是 1.63%~3.02%，平均 2.143%；有的试样所含 TiO_2 量亦较高。有学者认为，这很可能是选用了含铁、钛较高的瓷石，或在胎中加入了少量紫金土之故。李家治、郭演仪等人曾分析过 6 件东汉晚期越窑青瓷片，其成分为：SiO_2 75.40%~78.47%，Al_2O_3 15.26%~17.73%，Fe_2O_3 1.56%~2.42%；Fe_2O_3 的平均含量为1.778%。故六朝的越器瓷胎往往呈色较深，为灰色，对釉起衬托作用，使釉色青中带灰，色调比较沉静[1]。有学者分析过 3 件福州怀安梁代青瓷胎成分，其 SiO_2 含量较高，为 80.57%~86.7%；Al_2O_3 量较低，为8.72%~14.66%。这在历代越窑中都是很少看到的，应是原料条件不同之故。

德清窑的原料选择和加工都比较复杂。其创烧于东汉，以青瓷为主，汉末、三国便生产出了黑瓷；东晋南朝时，以黑瓷为主，兼烧青瓷；隋唐时期转为单烧青瓷，唐后衰落。表一列出了一件德清窑东晋黑釉器成分，可见其主要特点是含铁量较高（Fe_2O_3 2.86%），TiO_2 量亦不低。有关研究认为，德清窑所用原料约有六七种之多，即瓷土、含铁较高的紫金土、石灰石、含铁量较低的白瓷土，以及普通陶土和耐火黏土等，人们使用含铁量较高的原料作黑瓷胎，用含铁量较低的原料作青瓷胎，这些原料均曾分别粉碎、淘洗、精心搭配，表现了相当高的技艺[2]。

---

①　郭演仪等：《中国历代南北方青瓷的研究》，《硅酸盐学报》1980 年第 9 期，并见表一注。

②　中国硅酸盐学会：《中国陶瓷史》，文物出版社 1982 年版，第 150 页。

表一　魏晋南北朝青瓷黑瓷胎化学成分

样号	品名	时代	出土地	成分（%）									
				SiO_2	Al_2O_3	Fe_2O_3	TiO_2	CaO	MgO	K_2O	Na_2O	MnO	P_2O_5
SHT₁-（2）	青瓷碗			75.83	16.00	2.23	0.84	0.33	0.54	2.90	0.60	0.02±	
李3	印纹罍青瓷片	三国	上虞	78.66	14.85	1.63	0.96	0.22	0.54	2.52	0.50		
李4	盘口壶青瓷片		上虞	77.50	15.19	2.36	0.78	0.24	0.54	2.23	0.71		
J4	青釉瓷片		上虞龙泉塘	73.50	18.06	2.72	1.11	0.29	0.50	2.46	0.93	0.02	
J5	青瓷片	西晋	上虞帐子山	76.82	15.71	3.38	0.71	0.19	0.52	2.72	0.70	0.01	
李5	樽腹片		上虞	76.83	16.37	1.90	0.69	0.30	0.60	2.65	0.62		
李6	青瓷钵残片		上虞	76.77	16.21	2.06	0.78	0.24	0.54	2.06	0.58		
SY-16	青瓷洗残片		上虞	76.60	16.09	1.88	0.85	0.30	0.57	3.00	0.89	0.02±	
李7	青瓷钵片	东晋	上虞	76.92	16.01	2.26	0.88	0.28	0.57	2.48	0.48		
李8	青瓷碗片		上虞	77.03	16.12	1.91	0.79	0.30	0.60	2.62	0.52		
J6	四系青瓷罐		绍兴	78.00	15.65	1.83	0.76	0.26	0.53	2.44	0.50	0.02	微
J7	青釉瓷片		金华竹马馆	73.85	17.13	3.02	1.02	0.65	0.63	2.39	1.22	0.03	微
凌141	黑釉器		德清窑	73.41	17.92	2.86	0.92	0.48	0.65	2.58	1.02		
凌142	黑釉器		余杭窑	74.60	16.80	2.77	0.93	0.46	0.78	2.28	1.10		
NB4	青瓷碗		上虞	76.90	16.20	2.00	0.77	0.22	0.56	2.89	0.50	0.01	微

样号	品名	时代	出土地	成分（%）									
				SiO_2	Al_2O_3	Fe_2O_3	TiO_2	CaO	MgO	K_2O	Na_2O	MnO	P_2O_5
李9	青瓷碗	南朝	上虞	77.05	16.12	1.91	0.47	0.39	0.60	2.66	0.62		
李10	青瓷碗		上虞	77.29	15.92	2.05	0.75	0.34	0.67	2.61	0.66		
NB1	青瓷碗		瑞安安溪	72.31	20.18	1.96	0.97	0.23	0.47	2.89	0.85	0.03	
NB3	青釉五盅盘瓷片		福州张都山	67.68	22.40	2.97	1.21	0.44	0.95	3.61	0.70	0.04	微
L1	青瓷片		福州怀安	86.70	8.72	0.68	0.68	0.20	0.34	2.21	0.45	0.01	0.01
L5	青瓷片		福州怀安	86.32	9.24	0.64	0.48	0.18	0.33	2.37	0.41	0.01	
L8	青瓷片		福州怀安	80.57	14.66	0.54	0.46	0.19	0.22	3.12	0.38	0.03	0.01
W1	青釉瓷片	北朝	景县封氏墓	67.29	26.94	1.11	1.17	0.59	0.53	1.86	0.20	无	

资料来源：

试样 SHT_1—（2）、SY-16：郭演仪等：《中国历代南北方青瓷的研究》，载《中国古陶瓷论文集》，文物出版社 1982 年版。

试样 "李3" — "李10"：李国桢等：《历代越瓷胎釉的研究》，《中国陶瓷》1988 年第 1 期。

试样 J4、J6、J7、NB3、NB4：李家冶《我国古瓷器出现时期的研究》，《硅酸盐学报》1978 年第 3 期。

J5、NB1：李家冶《我国古代陶器和瓷器工艺发展过程的研究》，《考古》1978 年第 3 期。

试样 "凌 141" "凌 142"：凌志达《我国古代黑釉瓷的初步研究》，载《中国古陶瓷论文集》。

试样 L1、L5、L8：转引自《考古》1989 年第 4 期第 366 页，原出自《硅酸盐学报》1986 年第 2 期。

试样 W1：周仁等：《中国历代名窑陶瓷工艺的初步科学总结》，原引自《考古学报》1960 年第 1 期。

试样凌 141、凌 142 均含有 0.01% 的 Cr_2O_3。

婺州窑

婺州位于今浙江金华地区，金华唐代属婺州，故名为婺州窑。婺州窑的主要产品有盘口壶、碗、盆、碟、水盂等。

陶钵

陶钵是用来洗涤或盛放东西的陶制器具，形状像盆但比较小，还可以用来盛饭、菜、茶水等。

化妆土技术最先是在婺州窑上取得成功的。婺州窑位于今金华地区，武义县还发现过西晋窑址。使用化妆土的作用：一可使表面粗糙的坯体显得比较光滑整洁；二可使颜色较深的胎体得以覆盖，从而使一些质量较差的原料也得到了充分利用；三可使釉层显得比较饱满柔和，从而更增加了釉层的艺术美感。婺州窑自西晋晚期便采用了红色黏土作坯，开拓了新的原料来源。东晋时的越窑、德清窑，南朝时的湖南、四川一带都采用了化妆土。其缺点：一是增加了淘洗和化妆工序；二是器胎、化妆土、釉三者的烧结温度、膨胀系数需大抵一致，否则容易脱落。南朝过后，浙江青瓷已很少采用这一工艺。

其次是成形技术上也有了重要的进步，碗、盏、钵、壶、罐等圆器都已采用了拉坯操作。拉坯用的陶车也采用了比较先进的瓷质轴顶碗装置，使装在轴承上的轮盘能转动自如，提高了生产率。一些扁壶、方壶、槅、狮形烛台等式样特殊的器物，则用拍片、模印、镂雕、手捏等工艺，从而满足了不同的需要。如扁壶和方壶，是先拍成所需器物的方形、长方形或椭圆形薄片，然后粘合成器身，再粘接口、耳、足等附件。为使器形规整，扁壶的腹片可在外模中修整。三国和西晋常见的谷仓成形尤为复杂，其口、腹部系分段拉坯，之后再粘在一起，底和屋檐等则用拍片，各式人物、禽兽，则用模印和手捏，仓口和器腹的小圆孔则雕镂而成。上虞区宋家山晋代青瓷出土过狮形水注陶模和鸡首壶的鸡首陶模，为我们了解当时陶瓷成形技术提供了实物依据。

狮形烛台

狮形烛台是烛台式样之一，始见三国两晋时期的越窑青瓷，流行于唐宋。

第三，制釉和施釉技术的发展。我国古代瓷釉技术的发展大约经历了三个不同阶段。即形成期——商周，成熟期——汉唐，提高期——宋代以后[①]。从大量考古实物的科学分析看，此期江浙一带的青釉成分与东汉是相差不大的，唯 CaO 量稍有提高。表二列出了 13 件三国至南朝的青瓷釉化学成分，可知其 SiO_2 为 52.96%~62.60%，多处于 56%~62% 间；Al_2O_3 为 9.99%~16.17%，多处于 11%~14%；Fe_2O_3 为 1.87%~3.34%，平均 2.425%；CaO 为 13.25%~20.85%，平均 19.162%。有学者分析过 3 件上虞小仙坛东汉青瓷釉，其 SiO_2、Al_2O_3 量与此期大体一致，CaO 和 Fe_2O_3 的平均含量分别为 17.65%、2.05%。此六朝青瓷釉的 CaO 量较东汉稍高，亦是典型的石灰釉，其原料主要是釉石（瓷石）和草木灰（石灰石）；较商周的更高，李家治先生曾统计过 19 件全国南北各地出

① 李家治：《我国古代陶器和瓷器工艺发展过程的研究》，《考古》1978 年第 2 期。

三、手工业技术

土的商周原始瓷釉成分，平均含 CaO 量仅为 12.68%[①]。

我国历代青瓷都是以铁为着色剂的，用还原焰烧成。此时含铁量对釉的呈色有着十分明显的影响。一般而言，当氧化铁含量达 0.8% 左右时，釉呈影青色；随含铁量增加，呈色亦加深，当含铁量达 1%~3% 时，釉呈青绿色；含量达 4%~5% 时，呈灰青色、茶叶末或墨绿色；达 8% 左右时，釉呈赤褐色乃至暗褐色；当厚度达 1.0 毫米以上，或含铁量增长至 10% 左右时，便呈现黑色[②]。

除了铁外，石灰釉中的钛和锰也是很强的着色元素，钛可使釉呈黄色或紫色。锰可使之呈棕色或紫色。若釉内同时含有铁、钛、锰的氧化物，即使含量较低，也会呈现出青中带黄或灰黄微绿的；若含量较高，则呈暗褐色或黑色。远在汉代，上虞越窑就使用了石灰石和紫金土来配制酱色釉；到了晋代，德清窑又利用含铁量很高的紫金土，甚至掺入了含锰黏土来配制黑釉，这是制釉工艺又一个大的进步。

① 李家治：《原始瓷器的形成和发展》，载《中国古代陶瓷科学技术成就》，上海科学技术出版社 1985 年版。

② 参见叶喆民《中国古瓷浅说》，轻工业出版社 1982 年版，第 33 页。

表二 魏晋南北朝瓷釉成分

样号	品名	时代	SiO_2	Al_2O_3	Fe_2O_3	TiO_2	CaO	MgO	K_2O	Na_2O	M_nO	P_bO	P_2O_5	F_eO
SHT₁-(2)	碗片青釉	三国	58.95	12.75	2.03	0.73	19.56	1.89	2.17	0.81	0.17±		0.82	0.41
李4	盘口壶青釉		62.60	11.64	3.34	0.71	14.14	2.61	3.21	0.77	0.54		0.44	
J4	青瓷釉	西晋	59.55	13.12	2.61	1.06	16.09	1.84	2.08	0.97	0.18	<0.02		
李5	榴腹青釉		56.33	14.74	2.75	0.70	17.85	3.27	2.28	0.69	0.58		0.80	
SY-16	青瓷洗釉片		60.94	13.84	2.04	0.49	16.91	2.23	1.86	0.80	0.31±		0.85	0.22
J1	青瓷碗釉片		61.30	11.30	1.87	0.97	17.92	2.03	1.23	0.54	0.30	0.02	1.07	
J2	青瓷罐釉片		62.24	16.17	1.99	0.77	13.25	2.79	1.48	1.16	0.25			
J3	青瓷碗釉片		60.79	11.23	2.60	1.14	17.95	2.25	1.42	0.74	0.16			
李7	青瓷钵釉片	东晋	53.96	13.78	2.65	0.63	20.85	3.77	2.19	0.63	0.62		0.94	
J6	青瓷罐釉片		59.31		2.53		18.43	1.97	1.48	0.65	0.28	0.01		
J7	青瓷罐釉片		60.56		2.00		18.14	1.28	2.33	0.57	0.22	0.04		
凌141	黑釉		52.10	11.25	4.62	0.93	22.99	1.63	1.83	0.72	0.19			3.16
凌142	黑釉		56.59	14.19	4.28	0.96	17.80	1.26	1.56	0.82	0.26			2.21

三、手工业技术

样号	品名	时代	SiO_2	Al_2O_3	Fe_2O_3	TiO_2	CaO	MgO	K_2O	Na_2O	MnO	P_bO	P_2O_5	F_eO
NB4	青瓷碗釉片	南朝	57.37		2.40		19.69	2.07	2.05	0.64	0.34	0.01		
李9	青瓷碗釉片		58.02	9.99	2.72	0.69	21.33	2.83	2.19	0.68	0.54		1.04	
W1	青釉片	北朝	57.25	16.35	1.65	0.69	17.99	3.35	2.51	0.52	0.06			

资料来源：

试样 J1，J2，J3 资料出处同 J4，均见表一说明。

说明：

除表中所列外，试样凌 141，凌 142，皆含 Cr_2O_3 0.02%；含 CuO 分别为 0.01%，0.02%；含 CoO 分别为 0.02%，0.03%。

我国大约在汉代就采用了浸釉法施釉，但当时仍以涂刷法为主；三国西晋后，普遍采用起浸釉法来。此时釉层一般较为均匀，呈色亦较稳定；胎釉结合好，流釉较少；西晋青瓷釉厚度已多在 0.1 毫米以上，说明其胎釉烧成温度，膨胀系数都是匹配的。湘、鄂、蜀、赣等地瓷窑的产品，可能采用了含铝量较高、含铁量较低的瓷土作为胎料，而使胎的烧成温度提高，但其釉料未作相应调整，故常出现釉层已经玻化、胎未烧好，胎釉结合不佳的现象。

第四，龙窑技术的改进。三国时期，龙窑结构仍处在探索阶段上，至迟南朝，就逐渐变得比较合理起来。

上虞鞍山曾发现一座保存较好的三国龙窑，全长 13.32 米，宽 2.1~2.4 米，由火膛、窑床、烟道三部分组成。窑底前段倾斜 13 度，后段 23 度，中段凹下。窑墙用黏土筑成，高 30~37 厘米，用黏土砖坯拱顶。在窑床与烟道间有一道高 10 厘米的挡火墙，墙后设有六个排烟孔。与东汉龙窑相较，优点是窑身加长了，可提高装烧量，窑身前宽后窄，有利于烧成；缺点是因前段坡度较小而影响抽力，对发火和升温不利，后段因坡度较大而抽力太大，不利于保温。此窑的窑床内遗留有大量用来装烧坯件的垫具，中段最为密集，后段接近火墙处则很少看到，说明前段中段烧成较好，后段是烧不出瓷器的[①]。

由汉到晋，龙窑结构的基本特点是短、宽、矮、陡。短是受了火焰长度的限制，宽是为着扩大装烧面，矮是与当时叠装高度相适应的，陡是为了提高自然抽力。这结构显然是不太合理的，于是人们采用了"分段烧成"，即在窑顶或窑室的两侧设置投柴口，使火膛不断移位。龙窑就变得较长、稍窄、稍高、稍缓起来。此法的发明年代今尚难考。上虞

三、手工业技术

---

① 朱伯谦：《试论我国古代的龙窑》，《文物》1984 年第 3 期。

帐子山发现过一座晋代龙窑，仅存窑床后段和出烟坑部分，残长 3.27
米、宽 2.4 米；窑的结构和建筑用料与汉代相同。值得注意的是窑床后
段的倾斜度约为 10 度，与现代龙窑相似，同时窑底的砂层上所置窑具
纵横成行，排列有序，行距疏密不同，可适当调节火焰分布状况；有人
推测，它很可能只采用了分段烧成法。浙江丽水发掘了一座南朝龙窑，
只发掘了中间一段，便长 10.5 米，宽只有 2.0 米，比晋代的稍窄。因拱
顶已毁，投柴孔情况不明，但这样长的龙窑，不实行分段投柴是不能把
中后段产品烧成的[①]。采用分段烧成后，龙窑长度可视需而定。加大长度
的优点是：一可增加装烧面积，从而增加装烧量；二可提高热利用率；
三可使窑身宽度变小，从而可延长窑顶寿命，因当时的窑顶是用土坯砌
造的，过宽则易倒塌；四可使窑内温度分布更为均匀。这样，龙窑结构
就一步步走向了定型。

　　第五，装烧技术的提高。当时的窑具计有两种：一是垫具，它是
置于窑底上的，用来把坯件装到窑内最好烧成的部位，一般较为高大
粗壮；二是间隔具，用于叠装，一般制作较为精细。三国时，有的垫具
作直筒形，腰部作弧形微束，托内有内折平唇，晋时改作了喇叭形和钵
形。间隔具在三国时多用三足支钉，西晋时窑工们又发明了一种锯齿状
口的盂形隔具。东晋之后，德清窑和一部分越窑窑场已不再采用隔具，
而是在坯件间放置几粒扁圆形泥点（雅号"托珠"）垫隔，这不但增加
了装烧置，而且节省了原料和制作垫具的工时。此外，也有学者认为，
南朝时期今湖南等地已使用了匣钵。

　　此期的烧成技术有了较大的提高，尤其六朝时期。李家治先生分析
过一件上虞西晋元康七年墓出土的越窑双系罐瓷片（表一，J4），知其

————————
　　①　朱伯谦：《试论我国古代的龙窑》，《文物》1984 年第 3 期。

烧成温度已达 1300℃，吸水率 0.42%，显气孔率 0.92%；胎内有发育得较好的莫来石晶体；石英颗粒较细，并有较多的玻璃态；其釉色青灰，厚薄均匀，胎釉结合较好，无剥落现象，0.5 毫米厚时便可微微透光，瓷片击之锵锵有声；除了 Fe_2O_3 和 TiO_2 含量稍高（分别为 2.72% 和 1.11%），使胎呈现较深的灰白色外，已接近宋、元、明瓷器的组成[①]。郭演仪等分析了上虞帐子山三国青瓷碗残片 [表一，试样SHT1-（2）]，其显气孔率为 1.06%，吸水率 0.45%，烧成温度为 1240℃；上虞西晋洗口残片（表一，试样SY-16）的显气孔率为 1.06%，吸水率 0.5%，烧成温度 1220℃；皆在弱还原性气氛中烧成；烧结程度较好，薄片可微透光，亦基本上达到了现代瓷标准[②]。其坯件尚无匣钵等保护体，以明火烧造，但熏烟现象很少，过烧和流釉现象亦很少看到。说明烧成技术是较高的。

2. 北方制瓷技术的主要成就

这主要表现在下列三个方面，即相继发明了青瓷、黑瓷和白瓷。下面分别介绍。

青瓷技术的发明。目前作过科学考察的北朝青瓷器所知只有 1955 年河北景县封氏墓出土的青釉器一件，釉呈灰色而略带黄，极薄，有细纹片；胎质较粗，色灰，见有黑点和气孔[③]。封氏墓群的年代是北魏至隋代初年。由表一可知，其瓷胎成分的主要特点：一是 SiO_2 含量（67.29%）较南方青瓷为低，Al_2O_3 含量（26.94%）远较南方青瓷为高，这正是北方青瓷的一个基本特点。从东汉到五代，及至北宋，南方

① 李家治：《我国瓷器出现时期的研究》，《硅酸盐学报》1978 年第 3 期。
② 郭演仪等：《中国历代南方青瓷的研究》，《中国古陶瓷论文集》，文物出版社 1982 年版。
③ 周仁等：《中国历代名窑陶瓷工艺的初步科学总结》，《考古学报》1960 年第 1 期。

青瓷多是高硅低铝质的。高铝的优点是有利于成形和烧成，但需相应的原料处理条件和高温技术相配合，否则很难使瓷器的致密度达到最佳状态。二是 TiO_2 量较高，这也是北方瓷系的重要特征，封氏墓青瓷和其他北方青瓷胎一般着色较深，与此是不无关系的。Fe_2O_3 和 TiO_2 都是着色元素，若瓷胎含铁而不含钛，即使含铁量超过 1%，在还原焰下烧成后，瓷胎仍然是呈白色的；若含铁且含钛并钛较高时，其着色就会变得明显起来。此乃因 Fe_2O_3 和 TiO_2 在高温下生成了 $FeO \cdot TiO_2$ 与 $2FeO \cdot TiO_2$ 以及 $Fe_2O_3 \cdot TiO_2$ 等化合物使胎着色之故[①]。南北青瓷虽含铁量相去不大，但因南方青瓷含钛量稍低而呈色较浅。

表二列出了北朝封氏墓青釉的化学成分，可知其亦是一种含 CaO 较高的石灰釉，此外其余 Al_2O_3 量亦较高，这显然是与原料有关的。此期北方瓷器施釉主要有荡釉和蘸釉两种。从寨里窑发掘情况看，大凡碗、盆、四系罐等均采用器内荡釉、器外蘸釉的方法。

北方黑瓷的兴起。由前可知，青瓷、黑瓷实际上都是以铁等为着色元素的。以青釉器

蘸釉

蘸釉是指将坯体浸入釉中片刻后取出，利用坯的吸水性使釉浆附着于坯上，是瓷器的传统施釉方法之一。

为中心，若在工艺上设法排除了铁的干扰，就会烧出白瓷来；若加重了铁在釉中的呈色，就会烧成黑瓷。北方黑瓷的发明年代目前尚不了解，

① 郭演仪等：《中国历代南北方青瓷的研究》，《中国古陶论文集》，文物出版社1982年版。

但前云洛阳北魏城址在出土青瓷的同时，亦出了黑瓷，故其发明年代亦至少可上推到北魏时期。看来，不管南方北方，黑瓷与青瓷的发明年代，是不会相差太远的。除了洛阳北魏黑瓷外，今日所知的北朝黑瓷还有：河北平山县北齐崔昂墓出土的黑釉四系缸[①]，1975 年河北赞皇县东魏李希宗墓出土的黑釉瓷片[②]。前者造型稳重大方，线条挺拔，制作颇精，胎质坚硬，釉色匀称光亮；后者虽难辨器形，但其制作规整，釉色漆黑光亮，胎骨细薄坚硬。都表现了较高的工艺水平。

北方白瓷的出现。一般认为白瓷的发明年代是较青瓷稍晚的。虽然南方的长沙东汉墓曾发现过几种与白瓷相似的灰釉器，其胎质灰白，釉层匀润，已近白釉，但后来未见连续生产[③]。故作为一项连续发展的白瓷工艺，应说是始于北方的。1971 年河南安阳北齐武平六年（575）范粹墓出土了一批碗、杯、缸、瓶等白瓷器，是今知最早的北方白瓷产品。其胎料曾经淘洗，既白且细，没有化妆土，釉薄而滋润，其色乳白。但无论胎釉的白度、烧成后的强度和吸水率等，都是不能与现代标准白瓷相比的；尤其是其釉色呈乳浊的淡青色，在釉厚处依然泛青[④]，说明其并未完全摆脱开铁的呈色干扰。其实，由青瓷到白瓷，是有一个过程的；甚至到了唐代，有的白瓷在薄釉处呈白色，在厚釉处却依然泛青。白瓷的出现，是我国陶瓷史上的一个重大事件，它为后世的青花、釉里红、五彩、斗彩、粉彩等各种彩绘瓷器的发明奠定了良好的基础，为我国瓷器技术的发展开辟了一条广阔的道路。

① 河北省博物馆：《河北平山北齐崔昂墓调查报告》，《文物》1973 年第 11 期。
② 石家庄地区文化局：《河北赞皇东魏李希宗墓》，《考古》1977 年第 6 期。
③ 《文物考古工作三十年》，文物出版社 1979 年版，第 317 页。
④ 河南省博物馆：《河南安阳北齐范粹墓发掘简报》，《文物》1972 年第 1 期。

3. 北方铅釉陶的发展

北魏建国后，北方的制瓷业开始发展，制陶业亦复苏起来。此期的低温铅釉陶在汉代基础上有了许多改进，其釉色莹润明亮，花色品种增加，有黄地加绿彩，有白地加绿彩，也有黄、绿、褐三色并用；脱离了汉代的单色釉，而向多色釉过渡，为唐三彩的出现奠定了良好的基础，用途亦日益扩大。

铅釉陶在北方的河北、河南、山东、山西等省都有工艺水平较高的器物出土。在河北，大家比较熟悉的是封氏墓群所出诸器。如黄釉高足盘、釉色黄中闪青，晶莹如镜，造型简洁明快；黄釉杯，胎白釉薄，制作端庄；酱色釉玉壶青式瓶，胎色棕褐，质地坚密，造型优美，釉层匀润而不甚透明，是北方釉陶中难得的精品[1]。在河南，最有代表性的是北齐范粹墓的几件黄釉扁壶，它为模制成型，作扁圆形，正面略呈梨形，高20厘米，造型别致；胎质细腻，釉色深黄，透明莹润，曾被误认作瓷器。范粹墓还出土有绿釉、淡黄釉、酱色釉等釉陶器。尤其值得注意的是，在范粹墓出土的釉陶中，有在淡黄釉上再挂黄釉和绿彩的，河南濮阳北齐李云墓釉陶有在淡黄釉上挂绿彩的[2]，看来，北朝釉陶在汉唐釉陶间起到了承前启后的作用。这种"铅釉"是一种含铅量较高的低温釉，人们曾对山东赛里铅釉作过科学分析，知其 PbO 含量高达 55.42%。

（四）纺织技术的继续发展

魏晋南北朝时，丝绸业在巴蜀和江南地区都有了一定发展，棉纺技术已在新疆等地逐渐推广开来。由于马钧对绫织机的改革，花织机生产能力大为提高；绫、锦、织成都有了不少的发展；红花已被广为使用，

---

① 张季：《河北景县封氏墓群调查记》，《考古通讯》1957 年第 3 期。

② 李知宴：《三国·两晋·南北朝制瓷业的成就》，《文物》1979 年第 2 期。

中国历代科技史·魏晋南北朝科技史

092

静蓝提取和染色技术都有了进一步提高;夹缬、绞缬技术逐渐兴盛起来。

1. 原料加工技术的进步

魏晋南北朝的纺织用原料主要是丝、麻、葛、毛,边远地区还用过一定数量的棉花等纤维。

秦汉时期,我国蚕桑业比较发展的地区是黄河中下游;魏晋南北朝后,巴蜀蚕业亦兴盛起来。《华阳国志》载,当时的巴郡、巴东郡、巴西郡、涪陵郡、蜀郡、永昌郡等均有蚕桑生产。西晋左思《蜀都赋》在赞美蜀锦时说:"阛阓之里,伎巧之家;百室离房,机杼相和;贝锦斐成,濯色江波;黄润比筒,籝金所过。"(刘宋)山谦之《丹阳记》说:"江东历代尚未有锦,而成都独称妙;故三国时,魏则市于蜀,而吴亦资西道。"可见蜀锦已极负盛名。同时它在国家经济生活中也占有了重要的地位,蜀汉还曾以之作为军饷的重要来源。诸葛亮说:"今民贫国虚,决敌之资唯仰锦耳。"(《太平御览》卷八一五引《诸葛亮集》)江南、东北、西北地区的蚕桑业也有了一定发展。如《三国志》卷六十五载,华覈谏孙晧疏称:"大皇帝……广开农桑之业,积不訾之储","宜暂息众役,专心农桑"。可见吴国亦极力提倡蚕桑。统治者竞相服用丝绸之风也渐南侵,华覈所云"内无儋石之储,而有出绫绮之服",正是指这种奢靡之风说的。从吐鲁番出土的文书上看,至迟在公元 5 世纪,高昌地区就有了丝、棉纺织业;在十六国和稍后的文书中,明确冠以西域地名的丝织品就有"丘慈锦",高昌所作"丘慈锦""疏勒锦"等[1]。说明此期西北少数民族的丝织业已相当发达。

此期家蚕饲养技术从选种、孵化到贮茧,都取得了较大的进展,其中较为重要的是低温催青法、盐腌杀蛹法以及炙箔法。

---

① 吐鲁番文书整理小组等:《吐鲁番晋——唐墓葬出土文书概述》,《文物》1977 年第 3 期。

"低温催青"即利用低温来控制蚕种的孵化时间。《齐民要术》卷五《种桑柘》引晋《永嘉记》说："取蚖珍之卵藏内瓮中，随器大小亦可，十纸。盖覆器口，安硎泉冷水中，使冷气折出其势，得三七日，然后剖生养之。"一般二化蚕第一次产卵后，在自然状况下，经七八天就会孵化出第二代蚕来，这低温（冷泉）处理若控制得好，便可在21天（"三七日"）后孵化，从而在较大幅度上调节了养蚕时间。南北朝时还发明了盐腌杀蛹法。《齐民要术·种桑柘》说："用盐杀茧，易缫而丝韧，日晒死者，虽白而薄脆。缲练衣著，几将倍矣。甚者，虚失藏功，坚脆悬绝。"[①]梁陶弘景《药总诀》亦云："凡藏茧，必用盐官盐。"这就既有效地控制了缫丝时间，又提高了生丝质量。秦汉时期主要是利用薄摊阴凉，或日晒杀蛹来推延、适当控制时间的，但它只能推延一二日，且丝质欠佳。

"炙箔"实际上是暖烘蚕箔。《齐民要术》卷五《种桑柘》条说：蚕上簇后，需在簇"下微生炭以暖之，得暖则作速；伤寒（嫌冷）则作迟"。可见炙箔的目的最初是为了快速作茧，此外还有一点是《齐民要术》未曾提到的，即同时还可提高蚕丝质量。炙箔技术一直沿用了下来，明代《天工开物》曾把与此相类的操作谓之"出口干"，意即蚕丝一旦吐出，由于烘烤之故，即刻变干。

魏晋南北朝时，麻类纤维仍被广泛地使用着，尤其是南方，自东晋至南朝各代，政府的户调制皆是布绢兼收的；绢的实际收入往往还不及麻布之数。《晋书》卷一〇〇《苏峻传》载，"峻陷宫城……时官（府）有（麻）布三十万匹，金银五千斤，钱亿万，绢数万匹……峻尽废之"。可见官府所藏绢数亦远不如麻布数。苏峻之乱平定后，官库收

---

① 据石声汉选释《齐民要术》选读本，农业出版社1961年版；1956年中华书局本《齐民要术》作"用炭易练而丝韧"。不作"用盐"疑误。

入中则有布而无绢（《晋书》卷六十五，《王导传》）。南朝历代对臣僚的赐品亦是布多于绢的。有人从《宋书》摘得赙赐例 13 条，其中赐布者 9 条，赐绢者 3 条，绢布兼赐者 1 条；又从《梁书》摘得赙赐例 40 条，其中赐布者 33 条，赐绢的 4 条，两者兼赐者 3 条。此时士大夫之俭朴者亦以麻类衣著为常服。《陈书》卷二十七《姚察传》说："察居显要，甚厉清洁……尝有私门生，不敢厚饷，止送南布一端，花练一匹。察谓之曰：吾所衣著只是麻布薄练，此物于吾无用。"此"南布"有人认为是指棉布；"练"即极其精细之苎麻布，汉谓"疏布"，三国谓"疎布"。此期麻加工技术也有了较大进步，主要表现是对沤渍脱胶的用水量、水温、沤渍时间都有了一定认识。《齐民要术》卷二《种麻》条说："获欲净（原注：有叶者易烂），沤欲清，水生熟合宜（原注：浊水则麻黑，水少则麻脆。生则难剥，大烂则不任挽。暖泉不冰冻，冬日沤者，最为柔韧也）。"这与现代技术原理是基本相符的，"水少则脆"，是麻纤维与空气接触而被氧化了的缘故。除去沤渍脱胶外，魏晋南北朝亦沿用了周代以来的煮练脱胶法。三国吴人陆机在《毛诗草木鸟兽虫鱼疏》说："苎亦麻也……但其理韧如筋者，煮之用缉。"

此期毛纤维的加工利用技术有了一定进步，毛纤维的种类也有了扩展。1959 年，新疆巴楚脱库孜萨来北朝遗址出土了织花毯、毛织带等毛织物，经检测，其纤维宽度分别为 33.67 和 31.08 微米，纤维支数分别为 827 和 514 公支；1964 年，哈拉和卓前凉建兴三十六年（348）墓出土一毛织物残片①，平纹，经纬密分别为 11 根 / 厘米和 8 根 / 厘米。经线加捻得较细较紧。1975 年，吐鲁番哈喇和卓出土一件高昌早期（6 世纪中后期）罽，织法和传统锦的织法一样，经显花，有红、黄、白、

———————————

① 新疆维吾尔自治区博物馆：《吐鲁番县阿斯塔那—哈拉和卓古墓群发掘简报（1963—1965）》，《文物》1973 年第 10 期。

褐四色。纬线为红褐色，每平方厘米明、夹纬各6枚，经线17枚[1]。《齐民要术》卷六《养羊》还简要地谈到了铰毛的时间和方法，说"白羊三月得草力，毛床动则铰之（原注：铰讫，于河水之中净洗。羊则生白净毛也）；五月毛床将落，又铰取之（原注：铰讫，更洗如前）；八月初，胡葈子未成时，又铰之（原注：八月半后铰者，勿洗；白露已降，寒气侵人，洗即不益。胡葈子成然后铰者，匪直著毛难治，又岁稍晚，比至寒时，毛长不足，令羊瘦损）"。"羖（疑误，应作羖）羊，四月末五月初铰之（原注：性不耐寒，早铰，寒则冻死）"。可见白羊（绵羊）每年可铰毛三次，羖羊（即山羊）只可铰毛一次[2]。这显然都是人们在长期的生产实践中总结出来的。除了羊毛外，此时还使用了一些其他禽兽毛纤维。如《南齐书·文惠太子传》说："织孔雀羽毛为裘，光彩金翠，过于雉头矣。"孔雀羽毛为裘，自然是十分稀少和珍贵的。

此期我国的棉花种植仍局限于西北、西南以及东南和南部沿海一带，技术上也应有所发展。

《梁书·西北诸戎传》云：高昌国"多草木，草实如茧，茧中丝如细纑，名为白叠子，国人多取织以为

棉花

棉花的原产地是印度和阿拉伯地区。在棉花传入中国之前，中国只有可供充填枕褥的木棉，而没有可以织布的棉花。现今棉花产量最高的国家有中国、美国、印度等。

① 新疆博物馆考古队：《吐鲁番哈喇和卓古墓群发掘简报》，《文物》1978年第6期。

② 羖羊·石声汉《齐民要术选读本》（农业出版社，1961年）释为黑羊；陈维稷主编《中国纺织科学技术史》（科学出版社，1984年）释为山羊。今从后说。

布，布甚软白，交市用焉。"高昌国首府在今新疆吐鲁番东南的哈拉和卓，此"白叠子"应即棉花。1964年，吐鲁番阿斯塔那晋墓出土过一件布俑，身上衣裤全都是棉布缝制的。1959年，于田县屋于来克遗址的北朝墓出土一件棉布褡裢，长21.5厘米，宽14.5厘米，经纬密为25根/厘米和21根/厘米，比较致密，用本色和蓝色棉纱织出方格纹 [1]。在阿斯塔那高昌时期的墓葬中还发现有高昌和平元年（西魏大统十七年，551）借贷棉布（"叠"）和锦的契约，其中提道：一次借贷叠布达60匹之多 [2]，说明吐鲁番一带的棉织业当时已相当发展。

东晋《华阳国志·南中志》云：永昌郡，古哀牢国，"有梧桐木。其华柔如丝，民绩以为布……俗名梧桐布"。此"梧桐"很可能是指木棉。

东晋《裴氏广州记》云："蛮夷不蚕，采木绵为絮。"此"木棉"一词在东晋前已常见使用。西晋郭义恭《广志》云："木棉树赤华，为房甚繁，偪则相比，为绵甚软。"此"房"应指棉桃或棉桃瓣。《吴录》云："交趾安定县有木棉树……口有绵，如蚕之绵也，又可作布。"

这是我国西北、西南、东南沿海植棉和用棉的部分情况。当时棉布很可能已经作为贡品，或作交市流入了内地。《梁书·武帝纪》说武帝服食节俭，"身衣布衣（麻布），木棉皂帐"，此"木棉"很可能是指棉花。又，《太平御览》卷八二〇辑魏文帝诏云："夫珍玩所生，皆中国及西域，他方物比不如也。代郡黄布为细，乐浪练为精，江东太末布为白，故不如白叠子"所织布为鲜洁也。此"白叠子"即棉花。

2. 织造技术的发展

魏晋南北朝的缫纺技术大体上沿袭了秦汉以来的一些基本操作，即

---

① 沙比提：《从考古发掘资料看新疆古代的棉花种植和纺织》，《文物》1973年第10期。

② 吴震：《介绍八件高昌契约》，《文物》1962年第7、8期。

洛神赋图

《洛神赋图》为东晋顾恺之所作，是中国十大传世名画之一。原杞佚，现主要传世的是宋代的四件摹本，其中两件藏于北京故宫博物院，另两件分别藏于辽宁省博物馆和美国弗利尔美术馆。

普遍地使用了热水煮茧，推广了手摇缫车、手摇纺车，较多地使用了脚踏纺车。此期织造技术获得了长足的进步，主要是马钧对多综多蹑花机进行了一些改革，织出了一些有新风格的产品；斜织机、束综提花机、罗织机、立织机仍然继续沿用，并有一定发展。

此期纺车技术上的一项重要成就是使用了三锭式脚踏纺车。脚踏纺车约出现于汉，但从各地所出汉画像石看，皆是单锭作业的，今有东晋名画家顾恺之为汉代刘向《列女传·鲁寡陶婴》所作纺丝配图，原图虽已失传，但历代均有《列女传》翻刻本，宋刻本配图描写的便是三锭式脚踏纺车的形象 ①，说明这种纺车在晋代使用已广。纺纱能力大为提高。

---

① 李崇州：《我国古代的脚踏纺车》，《文物》1977 年第 12 期。

我国古代的多综多蹑机早在汉代就发展到了较高水平，当时社会上广为使用的是一种"五十综者五十蹑，六十综者六十蹑"的织机，因其操作较为麻烦，三国时期，马钧又对它进行了一些改革。《三国志》卷二十九《杜夔传》裴松之引傅玄序注云：马钧乃扶风人，巧思绝世，天下名巧也。其为博士居贫，乃思绫机之变，"旧绫机五十综者五十蹑，六十综者六十蹑，先生患其丧功费日，乃皆易以十二蹑，其奇文异变，因感而作者，犹自然之成形，阴阳之无穷"。由这段记载看，马钧改变了昔日综片数与踏杆数相等的状态，把控制开口用的脚踏杆从五六十根减少到了十二根，综片仍然保持原来的五六十片，即用十二根拉杆来控制五六十片综，这就大大地简化了操作。

魏晋南北朝时，提花技术得到了很大的普及，这不但有众多考古实物为证，而且西晋杨泉《织机赋》等文献也在一定程度上反映了这一情况。赋云："取彼椅梓，桢干修枝，名匠聘工，美乎利器。心畅体通，肤合理同，规矩尽法"，"足闲踏蹑，手习槛匡；节奏相应，五声激扬。"这说的是织工和挽花工共同操作的情况。织工脚踏提综，起出了锦上地纹，用手打纬，并和挽花工按花纹提拉经线的规律，上唱下和，密切配合。文中对织机材料、安装规格、提花操作都作了细致的描写，若此花织机无较大程度的普及，辞赋家是很难描写得如此细致、形象生动的。

从组织结构上看，魏晋南北朝织物大体上沿袭了汉代的品种，个中自然也有一些发展和变化。绫、锦、织成便是很好的例证。三国时，起皱技术还推广到了毛织品中。

绫，是斜纹（或变形斜纹）地上起斜纹花的织物，它是在绮的基础上发展起来的，迄汉才初露了头角。《释名·释彩帛》把绮与绫作了明确的区分："绮，欹也；其文欹邪不顺经纬之纵横也。""绫，凌也。其文望之如冰凌之理也。"汉前之绫在考古发掘中很少看到，汉代的散花

绫

绫是斜纹地上起斜纹花的中国传统丝织物，始产于汉代以前，盛于唐、宋。

绫是可与刺绣媲美的。三国马钧思绫机之变后，其纹饰便向着复杂的动物和人物图纹方向发展，产量亦大幅度增加。北魏太武帝（424—451）时，平城宫内曾有"婢使千余人织绫锦"，并有"丝绵布绢库"（《南齐书·魏虏传》）。孝文帝（471—499）时，罢尚方锦绣绫罗工，"以细绫绢布百万匹……赐王公以下"（《魏书·高祖纪下》），足见官府绫等丝织产品数量之巨。又，《北史·毕众敬传》说："众敬临还，献……仙人文绫一百匹。"《中华古今注》载，北齐"贵臣多着黄纹绫袍"。可知花绫衣袍在北方已经使用较多。

魏晋南北朝的织锦品种较多，据晋陆翙《邺中记》云：石虎织锦署有"大登高、小登高、大明光、小明光、大博山、小博山、大茱萸、小茱萸、大交龙、小交龙、蒲桃文锦、斑文锦、凤凰朱雀锦、韬文锦、桃核文锦……工巧百数，不可尽名也"。南朝的锦产量也较大，《梁书》卷五十六《侯景传》载，侯景据寿春，将反，"启求锦万匹，为军人袍"，这数量是不少的。魏晋时期，织锦的传统作风还是较浓的，北朝之后就渗入了许多中亚异民族气息，如构图题材增加了许多中土所不熟悉的大象、骆驼、翼马、葡萄等生物图像；在构图方式上，中原传统的菱形纹、云气纹多为中亚的团窠形、双波形、多边形代替。此期的锦在考古发掘中已见有多件；1959年，吐鲁番阿斯塔那北区墓葬出土有北朝树纹锦，经纬密为112×36根／厘米，用绛红、宝蓝、叶绿、淡黄、纯白五色丝线织出树纹。1967 年，同一地方高昌延昌七年（567）墓出土有夔纹锦，平纹地，经显花；计有红、蓝、黄、绿、白五色；经线红、黄、蓝、绿四色分区排列配色，整个图案绚丽非常。1964 年，同地高昌延昌二十九年（589）唐绍伯墓出土有牵驼纹"胡王"字锦，系斜纹重经组织的经线显花，地纹也是斜纹组织结构。虽墓葬年代属隋（581—618），但其制作年代应在隋前。这就否定了过去人们认为隋唐以前锦的基本组织是平纹，或把经线斜纹显花作为平纹的一种变化组织的说法[①]。秦汉六朝的锦大体上是平纹组织为地，经线起花的；大约北朝后期开始出现了纬显花。纬锦出现可能与波斯锦，以及国内兄弟民族毛织技术都有一定关系。

织成又有"织绒""偏诸"等名。它是从锦分化出来的，是在经纬交织的基础上，另以彩纬挖花的实用装饰物。织法是：以平纹或斜纹作地组织，依花型或衣片的轮廓线，依据配色设计，用彩色丝线以平纹或斜纹挖花的方式织入。其始见于汉。《西京杂记》卷一说汉宣帝常以琥珀笥盛身毒国宝镜，"缄以戚里织成锦，一（曰）斜纹锦"。《后汉书·舆服志下》说："公侯九卿以下皆织成，陈留襄邑献之。"魏晋时，织成较多地使用起来。《玉台新咏》三载晋杨方《合欢》诗："寝共织成被，絮用同功锦。"当时内地的织成锦工，已驰名塞外，芮芮（柔然）王曾向南朝求锦工。《南齐书·芮芮虏传》载："芮芮王求医工等物，世祖诏报曰：知须医及织成锦工，指南车、漏刻，并非所爱。南方治疾与北土不同，织成锦工并（是）女人，不堪涉远。指南车、漏刻，此虽有其器工匠，久不复存，不副为误。"此期考古实物有 1964 年阿斯塔那前凉（317—376）末年墓出土的一双织成履，长 22.5 厘米，宽 8 厘米，高

① 陈维稷：《中国纺织科学技术史》，科学出版社 1984 年版，第 343 页。

4~5 厘米，用褐红、白、紫、黑、蓝、土黄、金黄、绿八色丝线依照履的形式用"通经断纬"的方法织成，鞋面上织出有汉字隶书"富且昌宜侯天天延命长" 10 字隶书铭文[1]。此即汉晋文献中说到的"丝履"。

魏晋南北朝时，中外在丝绸和蚕桑技术上的交流更加活跃起来。可能早在公元前 6 至公元 5 世纪，中国的丝绸就传到了波斯帝国。把中国称之为"丝国（赛里斯 Seres）"并最先把它介绍给西方的是希腊人克泰西亚斯（Ctesius），他大约 5 世纪末在波斯谋生，并曾在波斯王宫充当御医。纪元 1 世纪的罗马博物学家普里尼（Gaius Plinius Secundus，公元 23—79）在《自然史》一书中就记载过一段关于丝绸的文字[2]。前云新疆出土了大量魏晋南北朝丝织品，便是我国丝绸西传的重要证据。此时养蚕技术亦传到了西方，据说公元 550 年时，东罗马皇帝尤斯提尼阿奴斯决意创建缫丝业，当时两位到过中国的波斯僧侣把蚕卵藏于通心竹杖中，偷运出境，献给了东罗马皇帝。蚕丝业自此传入欧洲[3]。中国与日本的纺织品交流此时亦有了发展。《三国志》卷三十《倭人传》载，景初二年（238）十二月倭王特使赠魏王斑布二匹二丈等物，魏王回赠倭女王"绛地交龙锦五匹，绛地绉粟罽（毛织品）十张，茜绛五十匹，绀青五十匹"。又赐倭王"绀地句文锦三匹，细班（斑）华罽五张，白绢五十匹"。正始四年（243）倭王又遣使献给魏廷倭锦，绛青缣、绵衣、帛布等物。一般认为，丝织提花技术以及印板花技术都是此时传到日本去的。

---

①　新疆维吾尔自治区博物馆：《吐鲁番县阿斯塔那—哈拉和卓古墓群发掘简报》（1963—1965 年），《文物》1973 年第 10 期。

②　朱龙华：《从"丝绸之路"到马可·波罗——中国与意大利的文化交流》，见周一良主编《中外文化交流史》，河南人民出版社 1987 年版，第 267—268 页。

③　叶奕良：《"丝绸之路"丰硕之果——中国伊朗文化关系》，见周一良主编《中外文化交流史》，第 250 页。

3. 练染印技术的发展

魏晋南北朝的纺织品洗练、染色、印花技术大体上是沿用前世的一些操作，但也有一些新的发展。

此期洗练技术的进步主要表现在三方面。一是使用了冬灰和荻灰，说明草木灰品种较前有了扩展。《本草纲目》卷七"冬灰"条引梁陶弘景云：冬灰，"即今浣布黄灰尔，烧诸蒿藜积聚炼作之，性亦烈；荻灰尤烈"。二为增加白度，使用了"白土"助白。王祯《农书》卷二一《纩絮·绵矩》条引后魏郦道元《水经注》云："房子城西出白土，细滑如膏，可用濯绵，霜鲜雪耀，异于常绵。"从传统工艺调查来看，这种白土应属膨润土或高岭土类，内含硅铝化合物。三对洗练用水有了一定认识。《文选》李善注引谯周《益州志》说："成都织锦既成，濯于江水。其文分明，胜于初成。他水濯之，不如江水。"《水经注》卷三三"江水一"在谈到成都锦官城时说："言锦工织锦，则濯之江流，而锦至鲜明，濯以他江，则锦色弱矣，遂命（名）之为锦里也。"这都说到长江水是洗练织绵的最佳用水。

此期染色技术的进步主要表现在对靛蓝和红花的认识和使用上。靛蓝染色在先秦时期已经使用较广，汉后便已相当成熟，魏晋南北朝时，出现了种蓝、制蓝和染色的有关记载。后魏《齐民要术》卷五"种蓝"条说："刈（割）蓝倒竖于坑中，下水，以木石镇压，令没；热时一宿，冷时再宿；漉去荄，内汁于瓮中。率十石瓮，著石灰一斗五升。急手枰之，一食顷止。澄清泻去水，别作小坑，贮蓝靛著坑中，候如强粥，还出瓮中盛之，蓝靛成矣。"在此最值得注意的有两点：一是"热时一宿，冷时再宿"，即热天浸泡一夜，冷天浸泡两夜；说明此时已打破了蓝草染色的季节性限制，这是制蓝技术的一大进步。二是"著石灰一斗五升"，目的是中和染浴，使染液发酵，在发酵中靛蓝被还原成靛白。靛白具有弱酸性，加入碱质可促进还原反应的迅速进行。靛白染色后，经空气氧化又可复变为鲜艳的靛蓝。这是蓝草制靛工艺的系统总结，也是世界上关于造靛技术的较早记载之一，其造靛和染色工艺，与现代合成靛蓝的染色机理是完全一致的。

红花是一种红色染料。虽汉代已经种植和使用，但却是到了魏晋南北朝才推广开来的。有关红花提取的记载亦始见于这一时期。后魏《齐民要术》卷五"种红花蓝花栀子"条曾记述过一种民间炮制红花染料的"杀花法"，说"摘取即碓捣使熟，以水淘，布袋绞去黄汁，更捣，以粟饭浆，清而酸者淘之，又以布袋绞去汁，

红花

红花原产于中亚地区，现在中国、俄罗斯、日本、朝鲜都有种植。红花喜温暖、干燥气候，抗寒性强，耐贫瘠。

即收取染红勿弃也。绞讫，著瓮器中，以布盖上，鸡鸣更捣令均于席上，摊而曝干，胜作饼"。这是我国古代关于制造红花染料的较早记载，与现代染色学红花素提取原理是完全一致的。

汉代的染色原料主要是茜草、朱砂（皆染红）、硙子（皆染黄）、靛蓝（染蓝）、荩草（用铜盐作媒染剂可得绿色）、皂斗、墨黑（皆染黑）等；使用直接浸染和媒染剂多次浸染的方式着色，这些原料及其染色工艺此期都继续使用。此外，据《南方草木状》卷中云，西晋时还使用了苏枋来染红，其色素为媒染性染料，对棉、毛、丝等纤维均能上染，经媒染剂媒染后，具有良好的染色牢度。

我国古代型版印花技术约发明于先秦时期，汉代已相当发展，魏晋

南北朝便进一步推广开来。目前在考古发掘中看到的实物有新疆于田屋于来克北朝遗址出土的蓝白印花斜褐，用二上一下斜纹组织，经纬密均为 22 根 / 厘米。印花型版计有镂空型和凸纹型两种，此期最值得注意的是镂空型中的夹缬。1959 年，于田屋于来克遗址出土一件残长 11.0 厘米、宽 7.0 厘米的蓝白印花棉布，其工艺已相当成熟，说明夹缬已成为民间日常服饰所用。关于夹缬的生产工艺，就蓝白花布而言，大体上是属于镂空型版双面防染印花范畴的，相传其操作要点是将缯帛夹于两块镂空型版之间加以紧固，勿使织物移动，于镂空处涂刷或注入色浆后，解开型板，花纹即现。"夹缬"之名，大约就是夹持印花之意。

蜡染

蜡染是我国民间传统纺织印染手工艺，古称"蜡缬"，与绞缬（扎染）、灰缬（镂空印花）、夹缬（夹染）并称我国古代四大印花技艺。

与夹缬相近的还有两种分别叫蜡缬（蜡染）和绞缬的印花工艺。蜡缬大约在秦汉之际或稍早，西南少数民族便已采用，汉代已经相当成熟。南北朝时期，它除了染制棉织品外，还用到了毛织品中[①]。蜡染的操作要点是：甩蜡刀蘸取蜡液在预先处理过的织物上描绘各式图样，待其干燥后，投入靛蓝溶液中防染，染后用沸水去蜡，印成蓝地白花的蜡染织物，蜡染多以靛蓝染色。绞缬在东晋时期已相当成熟。新疆阿斯塔那古墓出土有建元二十年（384）绞

① 新疆维吾尔自治区博物馆：《"丝绸之路"上新发现的汉唐织物》，《文物》1972 年第 3 期。

缬绢，大红地上显出行行白点花纹[①]。1963 年，阿斯塔那建初十四年（418）韩氏墓出土有绞缬绢，绛地，白色方形花纹，平纹，经纬密为 52×45 根／厘米[②]。南北朝后，梅花型、鱼子型纹样已广泛地使用于妇女的服饰。它的工艺操作，据元代胡三省《资治通鉴音注》中说，绞缬的具体操作是："撮采以线结之，而后染色，既染则解其结，凡结处皆原色，余则入染矣。其色斑斓，谓之缬。"此操作比较简单，若用谷粒状物为垫衬物进行扎结，便可得到圆圈形或鱼子形的散布花样；若先扎成球状，后再在球上和球外进行扎结，则能得到各种奇丽的图案。由于植物纤维的毛细管效应，所得花纹带有艺术化的无级层次色晕效果。

（五）机械技术的发展

魏晋南北朝时，我国的机械技术获得了许多的进步：在原动力利用方面，水力机械不但沿袭了汉代的水碓、水排和浑天仪，而且又发明出水磨和水碾；在风力机械中，船帆技术有了很大提高，此外又发明了车帆。在传动机构方面，使用了链式传动；齿轮传动不但使用于记道车、指南车和浑天仪，而且用到了粮食加工等项生产上。杠杆传动、拉杆传动使用得更加巧妙和纯熟，马钧对绫机的改革就在很大程度上反映了人们这方面的智慧。凸轮，这种把一个轴的连续运动转变为另一装置的间歇运动的机件，此时使用得更为普遍，不但在水碓、水力天文仪、记里鼓车，而且在舂车上也可看到。为适应战争、生产、生活的多种需要，当时还发明了连续发石机、木牛流马、磨车、水车等实用性机械，以及

---

① 武敏：《新疆出土汉—唐丝织品初探》，《文物》1962 年第 7、8 期。

② 新疆维吾尔自治区博物馆：《吐鲁番县阿斯塔那—哈拉和卓古墓群发掘简报》，《文物》1973 年第 10 期。又见《"丝绸之路"上新发现的汉唐织物》，《文物》1972 年第 3 期。

水磨

水磨是用水力带动的石磨，主要流行于我国广大农村地区。水磨也是中国古人智慧的结晶。

水车

水车也叫天车，是一种古老的提水灌溉工具，最早大约出现在汉代，在中国农业发展中发挥重要作用。

飞车、百戏图等游艺性机械。机械技术显示出来的巨大生产潜力，引起了社会上的广泛注意。不但涌现了诸如马钧、杜预、耿询、祖冲之等一批机械发明家，而且产生了诸如韩暨那样尊重技术的一些官吏。下面依据各机械的功用，分类作一简单介绍。因绫机在纺织技术、浑天仪在天文部分所述甚详，这里不再赘言。

杜预
杜预是魏晋时期著名政治家、军事家和学者，他博学多通，被誉为"杜武库"。

祖冲之
祖冲之是南北朝时期杰出的数学家、天文学家。他一生钻研自然科学，主要著作有《安边论》《缀术》《述异记》等。

1.排灌机械

此期排灌机械的主要成就是马钧发明了翻车。《三国志》卷二十九《杜夔传》裴松之注："马先生钧，天下服其巧矣。居京都，城内有地可为圃，无水以灌之，乃作翻车；令童儿转之，而灌水自覆，更入更出，其巧百倍于常。"这"翻车"的具体形态，目前学术界尚有不同看法，刘仙洲先生认为，马钧制作的翻车，以及《后汉书》卷一〇八《张让传》所云毕岚制作的"翻车"皆系后世之龙骨车[1]；但李崇洲先生却认为它们是三种不同的机械，并说毕岚之"翻车"系辘轳汲水机，马钧之翻车则是一种高转筒车[2]。皆可进一步研究。但有一点比较一致的是，多数学者皆认为马钧所作是一种链式传动机械；此"链"为竹木质，虽与金属传动链有许多差别，却应是金属传动链的前身。所以在机械史上是具有重大意义的事例。

2. 粮食加工机械

比较重要的有如下几种：

水碓。约发明于西汉时期，魏晋南北朝时有关记载明显增加，使用地域有了扩展，技术上亦有了提高。汉代关于水碓的记载只有少数几条，魏晋南北朝则在 20 条以上；据不完全统计，见于《晋书》的便至少有 7 条。东汉时期使用水

龙骨水车

龙骨水车简称龙骨车，是一种用于排水灌溉的机械。因为其形状犹如龙骨，故名"龙骨水车"。

古水碓

水碓，是一种借水力舂米的工具。利用水碓，可以日夜加工粮食。

---

① 刘仙洲：《中国古代农业机械发明史》，科学出版社 1963 年版，第 51 页。

② 李崇洲：《中国古代各类灌溉机械的发明和发展》，《农业考古》1983 年第 1 期。

碓的主要是雍州等地，魏晋南北朝则扩展到了洛阳，以及南北许多地方。《晋书》卷四十三《王戎传》云：故吏"性好兴利，广收八方园田，水碓周遍天下，积实聚钱，不知纪极。"王浑《表立水碓》云："洛阳百里内，旧不得作水碓，臣表上先帝听臣立碓，并挽得官地。"由此可见当时水碓广泛使用之一斑。至迟晋代，还发明了几个碓共用一转轴的连机碓，东晋傅畅《晋诸公赞》云："杜预、元凯作连机水碓，由此洛下谷米丰贱。"这是我国古代关于连机碓的最早记载。它的发明，大大提高了水碓的功效。

水碾、水磨。我国古代的圆形旋转磨始见于战国晚期，但水碾、水磨却是南北朝才发明出来的。《南史》卷七十二《祖冲之传》云：祖冲之"于乐游苑造水碓磨，武帝（483—493）亲自临视"。《魏书》卷六十六《崔亮传》云："亮在雍州读杜预传，见为八磨，嘉其有济时用，遂教民为碾。及为仆射，奏于张方桥东堰谷水造水碾磨数十区，其利十倍，国用便之。"时当公元 500 年前后。《北齐书》卷一八《高隆之传》云：高隆之于天平（534—535）初"领营构大将军……又凿渠引漳水，周流城郭，造治碾硙，并有利于时"。此外，《洛阳伽蓝记》卷第三"景明寺"也有类似记载。关于南北朝水碾、水磨的传动机构，今已很难了解，元代王祯《农书》等所绘水磨计有两种类型：一是卧轮式，用水力冲动一个卧轮，在卧轮上连一立轴，在立轴上安装磨盘，通过立轴传动；另一种是立轮式的，由水力冲动一个立轮，在立轮的横轴上装一齿轮，使之与磨的立足下部平装的一个齿轮相衔接（两轮的作用相当于一对斜齿轮），通过横轴、齿轮、立轴来传动。水碾的传动机构与水磨大体一致，其水轮亦有卧式和立式两种。

畜力八转连磨。这是以畜力推动，使八盘磨同时工作的机构。《太平御览》卷七六二引嵇含《八磨赋》云："外兄刘景宣作为磨，奇巧特异，策一牛之力，任转八磨之重。"由前引《崔亮传》推测，这八磨连转机构很可能是杜预创制的。元王祯《农书》所述连磨结构是这样的：由一头牛转动一条大立轴，立轴上装有一个卧轮，由大卧轮的轮辐带动八个磨的齿轮，遂使八磨同时工作。

舂车和磨车。均系粮食加工车辆，它利用了车轮与地面的摩擦力，把车子的前进运动间接地传到了其他机构上，以达到舂米和磨面的目的。有关记载始见于东晋十六国时，陆翙《邺中记》云："（后赵）石虎（295—349），有指南车及司里车，又有舂车木人，及作行碓于车上，车动则木人踏碓舂，行十里成米一斛。又有磨车，置石磨于车上，行十里辄磨麦一斛。"此舂车和磨车是否使用了齿轮传动，因文献记载不详，后世亦无类似的机械而难以推测，可以进一步研究。但舂车上使用了凸轮应是可以肯定的。

3. 造车技术

在汉代的基础上，魏晋南北朝的制车技术有了进一步发展，不但民间用车已较普及，而且技术上也有了许多提高。并出现了不少新型和巨型的车辆。《晋书》卷一〇七《石季龙载记》云：永和三年（347），石季龙"使尚书张群发近郡男女十六万，车十万乘，运土筑华林苑及长墙于邺北，广长数十里"。一次能在近郡发民车十万之众，可见当时民间用车量已经较大。同书卷一〇六云，石虎性好猎，"其后体重不能跨鞍，乃造猎车千乘，辕长三丈，高一丈八尺，置一丈七尺格兽车四十乘，立三级行楼，二层于其上"。《魏书》卷一〇八《礼志四》载，天子、太皇、太后，皇太后郊庙所乘"小楼辇軿八……驾牛十二"。天子法驾行车幸巡狩小祀所乘游观辇"驾马十五匹"。可见此猎车辇车规模都是不小的。又《梁书》卷五六《侯景传》谈到侯景曾"造诸攻具及飞楼撞车、登城车、登堞车、阶道车、火车，并高数丈，一车至二十轮"。"景以攻东城府，设百尺楼车，钩城堞尽落，城遂陷"。这其中的不少战具虽先前业已出现，但此期的规模明显增大。魏晋南北朝制车技术上的主要成就是：关于记里鼓车和指南车的记载更为明确，发明了"木牛流马"和帆车。

记里鼓车。又名记道车，司里车，大章车。工作原理是：利用车轮的转动，间接地把车辆前进时的行程表示出来，约与今出租汽车的"里程表"相当。学术界对其发明年代尚有不同看法。有人认为是西汉，有人认为是东汉以后，可以进一步研究；至魏晋时期，有关记载便较多，并十分明确了。《晋书》卷二十五《舆服志上》云："记里鼓车，驾四，形制如司南。其有木人执槌向鼓，行一里则打一槌"。这是我国古代文献中关于记里鼓车作功状况的最早记载。晋代之后，它就成了一种重要

记里鼓车

记里鼓车又称记里车、大章车，是中国古代用来记录车辆行过距离的马车，构造与指南车相似。

的礼仪用车。

晋崔豹《古今注》："记里鼓车，一名大章车。晋安帝（397—419）时刘裕灭秦得之，有木人执槌向鼓，行一里打一槌"。

此外，《宋书》卷十八《礼志五》、《南齐书》卷十七《舆服志》、陆珂《邺中记》等都曾简略提及。《南齐书》还说其"机皆在内"。不同时期的记里鼓车到底是谁人制作，则是不得而知，正如《宋书》云："纪道车，未详其所由来，亦高祖定三秦所获。"

关于记里鼓车的具体结构，是在南宋岳珂《愧郯录》和《宋史》卷一四九《舆服志》才被首先记述下来的。《宋史》谈到了两种设计方案，一为天圣五年（1027）卢道隆所献，一为大观元年（1107）吴德仁所献。实际上都是一种齿轮传动装置，车中装有可起减速作用的传动齿轮、凸轮、杠杆等机械，车行一里，车上木人因受凸轮牵动，由绳索拉起木人右臂而击鼓。1925 年，张荫麟对宋代两种记里鼓车的造法都作了深入研究[①]；1937 年，王振铎又依据卢、吴两家的设计对它进行了复原[②]，这些研究都取得了很好的成绩。

指南车。学术界对其发

指南车

指南车又称司南车，是中国古代用来指示方向的装置，它是利用齿轮传动来指明方向的一种简单机械装置。

① 张荫麟：《卢道隆、吴德仁记里鼓车之造法》，《清华大学学报》第二卷第3期，1925 年。

② 王振铎：《指南车记里鼓车之考证及模制》，原载《史学月刊》第3期，1937 年。转引自王振铎《科技考古论丛》，文物出版社 1989 年版。

明年代也有不同看法，有人说是西汉，有人说是东汉，可以进一步研究；但比较详细的记载却是魏晋之后才看到的。

《三国志》卷二十九《杜夔传》裴松之（372—451）注云：马钧与常侍高堂隆骁骑将军秦朗在朝议时，对指南车发生了争论。高、秦二人认为古代没有指南车。马钧云：“古有之，未之思耳……虚争空言，不如试之，易效也。”于是二子遂以白明帝，诏先生作之，而指南车成。裴松之系南朝宋人，由其“注”可知，马钧制作了指南车是不会错的。稍后的《晋书》《宋书》《南齐书》都有关于指南车的记载。

《晋书》卷二十五《舆服志上》说：“司南车一名指南车，驾四马，其下，制如楼三级。四角金龙衔羽葆。刻木为仙人，衣羽衣，立车上，车虽回运而手常南指。”

《宋书》卷十八《礼志五》说，马钧所作之指南车因晋乱而“复亡，石虎（295—349）使解飞，姚兴使令狐生又造焉。安帝义熙十三年（417）宋武帝平长安，始得此车”。

《南齐书》卷五十二《祖冲之传》说，“姚兴指南车有外形而无机巧，每行使人于内转之。升明（477—479）中，太祖辅政，使冲之追修古法。冲之改造铜机，圆转不穷而司方如一”。使指南车的技术水平达到了前所未有的高度。

我国古代关于指南车具体结构的记载见于宋岳珂《愧郯录》和《宋史》卷一四九《舆服志》，其文字基本一致，计有两种设计方案：一是天圣五年（1027）肃燕所献传统制法，二是大观元年吴德仁所献大型新车制；原理基本一致，都是一种齿轮传动，并使用了离合器。指南车是在我国古代独辕双轮车的基础上发展过来的，它的发明和使用，说明我国古代齿轮传动技术、离合器技术，已取得了很高的成就。

木牛流马。这是依据蒲元的提议，由诸葛亮主持制作的一种特殊的运输小车。《三国志》卷三十五《诸葛亮传》云："（建兴）九年（231），亮复出祁山，以木牛运……十二年春，亮悉大众由斜谷出，以流马运。"《蒲元别传》云："蒲元为诸葛公西曹掾，孔明欲北伐，患粮运难致，元牒与孔明曰：元等推意作一木牛，兼摄两环，人行六尺，牛行四步，人载一岁之粮也。"此外《诸葛亮集》还载有木牛流马的一些尺寸。但这些记载都十分的简单，且使用了一些比喻和隐语，千百年来使人们对木牛流马的具体结构产生了许多不同的看法。自宋代至今，其中比较流行的观点认为它是适应于蜀道运输的一种独轮车。《宋史》卷三〇九《杨允恭传》，宋高承《事物纪原》，清麟庆《河工器具图说》，今机械工程学家刘仙洲《中国古代农业机械发明史》，历史学家范文澜《中国通史简编》等，大体上均持这一观点。陈从周先生等近年又对此说作了进一步阐述，认为"木牛"（小车）基本形态是：独轮、四足，装置有一个简单的车架，架长约四汉尺，宽近于三汉尺，车架后面有两个推手；前面系绳，可用人、畜拉曳；车架前方的上部安有一个牛头状装饰物；四足是分别用作上坡和下坡时安放小车，以防翻倒的。"流马"形制与此基本一致，只是没有前辕，且车身稍显细长[①]。我们以为此说大体上是可信的。我国古代独轮车发明于西汉[②]，故木牛流马应是对西汉独轮车的改进和发展。

帆车技术的发明和发展。我国古代关于帆车的记载始见于南北朝时，梁元帝（552—555年在位）萧绎《金楼子》云："高苍梧叔能为风车，可载三十人，日行数百里。"此"高苍梧叔"应指南朝宋废帝

---

① 陈从周等：《木牛流马辨疑》，第一届全国技术史学术讨论会论文，1983年，昆明。

② 刘仙洲：《我国独轮车的创始时期应上推到西汉晚年》，《文物》1964年第6期。

（473—477 年在位）刘昱。此"风车"即以风为动力的风帆车，而非风扇车，能"日行数百里"，可见速度是相当快的。这风帆车在我国一直沿用了下来，近现代在山东、安徽等地农村手推小车上还有加帆的，吉林冬季的冰床亦有加帆的例证。

4. 航运机械

魏晋南北朝时期的造船技术和航运技术都有了较大的发展，尤其是在南方，不管内河航运还是海上航运，都已具备了相当的规模和技术水平。《三国志》卷四十七《孙权传》载，黄龙二年（230）春正月，遣将军卫温、诸葛直将甲士万人浮海到达夷洲（台湾）。嘉禾二年（233），吴国大夫张弥等统带万人渡海北上至辽东。《梁书》卷五十四《海南诸国传》云：吴孙权遣使朱应、康泰通东南亚诸国，"所经及传闻则有百数十国"。这些大规模的海上活动，所需船舶的数量和规模都应是较大的。在魏蜀吴三国中，以东吴造船业最为发达，建安郡的侯官（今福建闽侯）是造船业的中心，设有典船都尉（《三国志》卷五十三《张纮

楼船

楼船是中国古代战船，因船高首宽，外观似楼而得名。为古代水战之主要利器。

传》,《元和郡县志》卷二十九"福州"条）；所用战船主要有楼船、艨艟、斗舰、句卢、舫等。《南州异物志》载,有的海船"长二十余丈,高去水三、二丈……载六七百人,出物万斛"（《太平御览》卷七六九引）。北方的造船业,亦具有相当规模。《晋书》卷四十二《王濬传》云："武帝谋伐吴,诏濬修舟舰,濬乃作大船连舫,方百二十步,受二千余人,以木为城,起楼橹,开四出门,其上皆得驰马来往……舟楫之盛,自古未有。"后赵的船舶也是具有相当规模的,《太平御览》卷七六八引崔鸿《后赵录》曰：张弥率众一万,徙洛阳钟簴、九龙、翁仲,铜驼等物过黄河,"造万斛舟以渡之"。后赵讨伐慕容皝之役,规模更大,兵士"满五十万,具船万艘,自河通海,运谷豆千一百万斛于安东城"。此期出动一万条船的事例绝非仅有,如淝水之战时,秦军总数百万,水陆并进,"运漕万艘,自河入石门达于汝颍"。

此期船舶技术上比较重要的成就有如下三方面。

一是船帆技术有了进一步发展。船帆在东汉时已使用得相当普遍,此期不但帆幅增大,而且出现了使用不对称斜立装置的记载。《唐类函》引晋周处《风土记》云："帆,从风之幔也,施于船前,各随宜大小为别,大者用布一百二十幅,高九丈。"可见这帆之规模是不小的。三国吴万震《南州异物志》云："随舟大小或作四帆……其四帆不正月前向,皆使邪（斜）移……若风急,则随宜增减之,邪张相取风气,无高危之虑,故行之避风气,激波所以能疾也。"[①] 这是我国古代关于船帆不对称斜立装置的最早记载。

二是至迟晋代,我国就较好地掌握了重板造船技术。《太平御览》卷七七〇引晋周处《风土记》云："小曰舟,大曰船,温麻五会者,永

① 引自《太平御览》卷七七一。引文开头原作"外徼人随舟大小或作四帆"云云,故很可能此技术是外徼人最先使用的。

宁县出……会五板以为大船，固以五会为名。"此"五"是"多"的意思，未必是纯数学的固定概念。

三是出现了名叫"水车"的船舶。梁宗懔《荆楚岁时记》云："五月五日竞渡，俗为屈原投汨罗日，人伤其死，故并命舟楫以拯之，舸舟取其轻利，谓之飞凫，一自为水车，一自以为水马。"可见这"水车""水马""飞凫"都是以其轻快而得名的。《陈书》卷十三《徐世谱传》亦提到过水车，云"谱乃别造楼船、拍舰、火舫、水车，以益军势。将战，又乘大舰居前，大败景军"（《南史》卷六七同）。这种"水车"的发明年代约可上推到南齐时期，《南齐书》卷五十二《祖冲之传》云："又造千里船，于新亭江试之，日行百余里。"一般认为，此"水车""千里船"，以及后世的所谓"车船"，都是同一类型的，其推进器已不再是间歇划动的长片桨，而是连续运动的轮形桨；否则是绝不可能轻快如飞凫，日行百余里的，亦不会谓之水"车"和"车"船。轮桨的发明，是造船技术上的又一进步。

此外，橹的使用亦更为广泛，有关记载明显增加。《三国志》卷五十四《吕蒙传》云：吴将吕蒙与蜀将关羽战于浔阳（今九江），"尽伏其精兵舮艫中，使白衣摇橹，作商贾人服，昼夜兼行，至羽所置江边屯候，尽收缚之"。此期的"柂"已成了垂直固定于船尾的一个专门装置，变成了真正的舵，而不再是舮后拖着的梢了。在今见古代文献中，是梁顾野王《玉篇》才把"柂"称作"正船木"的。大约此期的舫也有了一定发展，宋摹本顾恺之《洛神赋图》上便有东晋画舫的形象，其有并列的船身，船上重楼高阁，纹饰华美。虽其行速较慢，但却较为平稳。舫的产生年代虽在晋代之前，但关于画舫形象的材料却首推《洛神赋图》。

5. 其他机械和机件

绞车。实际上是辘轳的一种发展和演变，唯其横杆（相当于辘轳的屈柄）更长，且往往数目更多，故可牵引各种重型器物。绞车的发明年代有待进一步考证，但晋代已经使用是无疑的。《晋书》卷一〇七《石季龙载记》云："邯郸城西石子堈上有赵简子墓，至是季龙令发之。初得炭深丈余，次得木板厚一尺，积板厚八尺乃及泉。其水清冷非常，作绞车以牛皮囊汲之，月余而水不尽，不可发而止。"这是我国古代利用绞车的最早资料。后世的《武经总要》等书中亦有记载。

连续发石机。在原始社会里，人们作远距离攻击的武器至少有三种：一是棍棒投石器和飞石索等；二是弓箭以及原始社会晚期出现的弩等；三是镖枪。发石机应是从棍棒投石器演变来的。其发明年代较早，春秋时期，人们就把它当成了一种重要兵器而制订了相应的使用规范。《范蠡兵法》云："飞石十二斤为机发，行三百步。"发石机的投掷方法之一是利用杠杆原理，把梢杆（杠杆）的中间装配在可以旋转的横轴上，梢杆下端系上一个兜子，其内放置石块，梢杆上端系有多条拽绳。投射时，由多人向下猛拉绳索，即可把石块骤然掷出。较棍棒投石器自然是进步了许多的，缺点是不能连续发射。为此，三国时代的马钧始创了连续发石机。《三国志》卷二十九《杜夔传》裴松之注云：马钧"又患发石车，敌人于楼边悬湿牛皮，中之则堕，石不能连属（续）而至，欲作一轮，悬大石数十，以机鼓轮为常，则以断悬石飞，击敌城，使首尾电至。尝试以车轮悬瓴甓数十，飞之数百步矣"。

飞车。这是一种利用空气反作用力来升托重物的游艺性机械，基本原理应与今儿童玩具中的竹蜻蜓及飞机上的旋桨大体一致。

有关飞车的记载见于东晋时期，葛洪（284—363）《抱朴子·内篇》卷十五《杂应》云："或用枣心木为飞车，以牛革结环，剑以引其机……上升四十里。"这是关于飞车的全部文字，虽只寥寥数语，却大体阐明了它的结构特点。王振铎先生曾对此进行过许多研究，并成功地进行了模拟试验。文中的枣心木即枣木心，其硬度和强度较大，木质较为致密，吸水率较低。"车"系我国古代对轮轴传动机械之泛称，故"飞车"即是可以飞行的轮轴机构。"剑"在此应即是拉弓。据《晋书·舆服制》云，晋代的佩剑为木质，故作为拉弓之剑亦应是木质的，其工作过程应与传统手钻上的钻弓相类，不同之处是，此飞车之"剑"只需一次拉转而已。王振铎先生认为，飞车下部为一直立的握把，把上立小轴装一辘轳，它的顶部有两个机牙和飞轮毂上的槽孔相啮合，革带环结在辘轳上，革带的两端系在剑柄和剑锋上；从左至右拉紧革带，飞车即升。在故宫博物院试验时，飞车不仅上升平稳，而且高度可抵午门的阙楼下檐[①]。

自动机械。此期发明并使用过的自动机械较多，前面谈到的记里鼓车、水力天文仪等上都有自动装置，此外，较为重要的还有如下几种：

百戏图。是一种游艺性机械。《三国志》卷二十九《杜夔传》裴松之注云："有上百戏者，能设而不能动也。帝以问先生（按指马钧）可动否？对曰：'可动'。帝曰：'其巧可益否？'对曰：'可益'。受诏作之。以大木雕构，使其形若轮，平地施之，潜以水发焉。设为女乐舞象，至令木人击鼓吹箫；作山岳，使木人跳丸、掷剑、缘垣、倒立，出入自在。百官行署，舂磨、斗鸡，变化百端。"

妇人当户再拜机和鼠市机。汤球《晋阳秋辑本》："衡阳区纯者，甚有巧思。造作木室，作一妇人居其中。人扣其户，妇人开户而出，当户再拜。还入户内，闭户。又作鼠市于中，四方丈余，开有四门，门中有一木人，纵四五鼠于中，欲出门，木人辄以椎椎之（一作辄推木卷之），门门如此，鼠不得出。"《搜神后记》亦有衡阳区纯作鼠市的

---

① 王振铎：《葛洪〈抱朴子〉中飞车的复原》，《中国历史博物馆馆刊》总第6辑，1984年。

类似记载。

檀车。陆翙《邺中记》云："石虎性好佞佛，众巧奢靡，不可纪也。尝作檀车，广丈余，长二丈，四轮，作金佛像坐于车上，九龙吐水灌之。又作木道人，恒以手摩佛心腹之间，又十余木道人，长二尺余，皆披袈裟绕佛行。当佛前，辄揖礼佛。又以手撮香投炉中，与人无异。车行则木人行，龙吐水，车止则止。亦解飞所造也。"

七宝镜台。俞安期《唐类函》卷二七二云："胡太后（北齐，550—577）使沙门灵昭造七宝镜台，合有三十六户，每户有一妇人执镰。才下一关，三十六户一时自闭；若抽此关，诸门皆启，妇人各出户前"。"镰"同"锁"。

此外还有一些，不再一一引述。关于这些机械更为具体的结构，今已湮没难寻。从上文来看，其原动力应有水力，如百戏图等；有畜力，如檀车等。大凡百戏图、檀车等都使用了齿轮传动，否则，其动作绝不可能如此合契。

（六）造纸技术的发展

我国古代造纸术约发明于西汉时期，魏晋南北朝便在全国范围普遍推广开来，纸的产量和质量都有了很大提高，社会上的书籍需要量激增，最后完成了由简到纸的转变。纸的发明和发展对科学文化的发展和传播起到了难以估量的作用。此期造纸技术的主要成就是：纸的原料和品种有了较大扩展，生产过程中的一系列物理、化学处理进行得更加精细完善，发明了活动式帘床抄纸器，以及向纸施胶等技术，纸的使用性能得到了很大改善。

1. 社会用纸的普及

汉代的书写材料主要是简，其次是缣帛，纸是一种辅助性书写材

三、手工业技术

料。目前在考古发掘中看到的汉纸只有10余起，除了甘肃汉悬泉置遗址所出数量稍多外，一般都是较少的。两晋南北朝时，情况发生了很大变化，有关纸的实物资料和文献资料都难以统计。

实物方面最值得注意的约有两项：一是敦煌石室写经，二是新疆出土的一批又一批古纸。敦煌石室写经是指原保存在敦煌石窟内的大量佛经写本，其中仅莫高窟一处所藏佛经写本便数以万卷计。1907年以后，英人斯坦因曾两次窜到敦煌，窃走各种古写本、刻本、丝织物、佛像、杂书等万余卷；1909年法国人伯希和（Paul Eliot）又窃去1500卷；日本人橘瑞超、大谷光瑞等随之又窃去数百卷；之后清政府才将劫余的6000多卷运到了北京。这些经书的年代约始于东晋十六国时期，止于北宋；除佛经外还有许多我国迄今罕见的经、史、子、集写本和公私文书、契约等，除大量汉文资料外，还有不少我国境内许多少数民族以及南亚、欧洲民族的文字资料，可见内容之丰富和用纸量之巨。新疆古纸在20世纪初就有出土，20世纪50年代末至70年代中期，考古工作者在吐鲁番的阿斯塔那、哈喇和卓两地先后作了13次发掘，出土各种文书达2700多件；但其中只有少部分是完整的，如"衣物疏""功德录"、告身及部分契约等，它们是以完整的形式直接入葬的，其余大部分都被剪裁成了死者穿戴的鞋靴、冠帽、腰带、枕褥等服饰，因而残缺不全。不少文书都有纪年字样，年代最早的为西晋泰始九年（273），最晚为唐大历十三年（778）。在2700多件文书中，属十六国时期的100多件，属割据高昌王朝的700多件①。许多文书记述的都是日常生活事务，如1975年吐鲁番出土的"北凉玄始十一年（422）马受条呈为出酒事"文书，实际上是供应军队用酒的账单，其中有"十一月四日出酒

---

① 吐鲁番文书整理小组：《吐鲁番晋—唐墓葬出土文书概述》，《文物》1977年第3期。

三斗赐屠儿"等字样①。说明当时日常用纸已较普遍。其中尤其是那些纪年文书的出土,对我们了解每一时期造纸技术的发展提供了十分可靠的资料。

从文献记载看,两晋南北朝官方和民间用纸都已十分普遍,数量也是较大的。《初学记》卷二十一引晋人虞预《请秘府纸表》说:"秘府中有布纸三万余枚,不任所给,愚欲请四百枚,付著作史,书写起居注。"此"布纸"应指麻布作成的纸,或者"有布纹的纸"。秘府藏纸量达3万余,数量是不小的。《太平御览》卷六〇五引《语林》说:"王右军(王羲之)为会稽谢公乞笺纸,库中唯有九万余,悉与之。"库中藏纸量达9万多枚,充分说明了造纸业之发展。大凡西晋到东晋前期,官方文书仍是纸简并用,东晋末年后,竹简就被大量削减下来,有的统治者甚至作出了奏议一律用纸而不得用简的规定。《太平御览》卷六〇五引《桓玄伪事》说:东晋豪族桓玄(369—404)在废晋安帝自立为皇之后,曾下诏说:"古无纸,故用简,非主于敬也。今诸用简者,皆以黄纸代之。"在考古发掘中,东晋以后的简牍已很少看到。与此同时,各种书籍也大量地用起纸来,从而出现了许许多多的抄本。《隋书·经籍志》序云:魏秘书监荀勖所编官府藏书目录《新簿》,收集的四部图书达29945卷;南朝宋元嘉八年(431)秘书监谢灵运

谢灵运

谢灵运是南北朝时期杰出的诗人、佛学家。他开创了中国文学史上的山水诗派,其诗与颜延之齐名,并称"颜谢"。

---

① 新疆博物馆考古队:《吐鲁番哈喇和卓古墓群发掘简报》,《文物》1978年第6期。

造四部目录，所藏图书达 64582 卷。此时私人藏书量亦大为增加，因雕版印刷尚未发明，故出现了不少孤灯抄书的感人事例。《南齐书》卷五十四《沈驎士传》载，沈驎士"守操终老，笃学不倦，遭火烧书数千卷，驎士年过八十，耳目犹聪明，以（已）火，故抄写灯下，细书复成二三千卷，满数十箧"。《梁书》卷四十九《袁峻传》载，袁峻"笃志好学，家贫无书，每从人假借必皆抄写，自课日五十纸，纸数不登则不休息"。人们在考古发掘中看到的大量此期文书，以及石室写经，都是一字一字地抄在纸上的。作为书写和绘画，纸的优越性自非简、帛可以相媲美，我国的第一代书法家，如王羲之（321—379）、王献之（344—388），便是晋代出现的。文人学士们还创作了不少诗赋，对纸进行了许多热情的颂扬。如西晋傅咸云："夫其为物，厥美可珍；廉方有则，体洁性真。含章蕴藻，实好斯文；取彼之弊，以为此新。揽之则舒，舍之则卷；可伸可屈，能幽能显。""洛阳纸贵"的故事也是这一

王羲之

王羲之是东晋时期著名书法家，被誉为"书圣"，其书法自成一家，对后世影响深远。他的代表作《兰亭集序》被誉为"天下第一行书"。

时期出现的。《晋书》卷九十二《左思传》载，左思（250？—305？）作《三都赋》，十年乃成，最初不为世人重视，及至皇甫谧为之作序，张载、刘逵为之作注，张华誉之为"班（固）张（衡）之流也"。于是，"豪贵之家竞相传写，洛阳为之纸贵"。这说明了两晋时期民间用纸就已较为普遍。此时，私人著书修史之风甚盛，且出现了不少长篇巨著，如晋《博物志》《华阳国志》，北魏《洛阳伽蓝记》《水经注》，后

魏《齐民要术》等都是此期出现的。据王嘉《拾遗记》卷九说，张华撰《博物志》，凡 400 卷，奏于晋武帝；帝诏云：此书"记事采言，亦多浮妄。宜更删翦"，于是"分为十卷"，一并赐纸万番。这些私人长篇巨篇的出现，显然与造纸技术的发展是分不开的。大约南北朝时，社会用简就十分稀少了。

2. 造纸原料的扩大和用纸品种之增加

汉代的造纸原料主要是麻和树皮。其中的"麻"包括新采下的，以及用旧了的麻类织物、编织物等；树皮主要是楮皮。魏晋南北朝时，一方面继续沿用旧有的原料，此外，还新增加了桑皮，创造了藤皮纸和"侧理"纸。

此期有关麻纸的实物和文献都是不少的。潘吉星先生曾分析过四件敦煌写经纸，即北凉神玺三年（399）《贤劫千佛品经第十》、西凉建初十二年（416）《律藏初分第三》、北魏太安四年（458）《戒缘下卷》、北魏延昌二年（513）《大方广佛严华经卷第八》[1]；又分析过 7 件新疆出土的古纸，即哈喇和卓出土的前凉建兴三十六年（348，前凉曾奉西晋建兴年号）文书残件，阿斯塔那出土的前凉升平十四年（370）文书，西凉建初十四年（438）文书残件，西凉建初残纸片，北凉缘禾六年（438）《衣物疏》，吐鲁番所出东晋写本《三国志·孙权传》，西凉建初十四年纸鞋[2]；还分析了故宫博物院保存的西晋陆机《平复帖》，得知这些纸样全都是麻质的[3]。20 世纪初，奥地利人威斯纳曾对新疆、甘肃敦煌等地所出晋、南北朝古纸作过分析，知其多以大麻和苎麻制成。在

---

① 潘吉星：《敦煌石室写经纸研究》，《文物》1966 年第 3 期。

② 潘吉星：《新疆出土古纸研究》，《文物》1973 年第 10 期；并见《文物》1966 年第 3 期。

③ 潘吉星：《中国造纸技术史稿》，文物出版社 1979 年版，第 55 页。

今人分析过的魏晋南北朝近百件古纸中，大约90%以上都是麻质的。北宋米芾《书史》云："王羲之《来戏帖》，黄麻纸。"米芾《十纸说》："六合（今扬州附近）纸，自晋已用，乃蔡侯渔网遗制也。网，麻也。"这都说明了当时麻类纤维纸广泛使用的情况。

文献上关于皮纸的记载始见于《后汉书·蔡伦传》。魏晋南北朝时，皮纸有了较大发展，其种类计有楮皮纸、桑皮纸、藤皮纸等，也有将树皮纤维与麻纤维混合使用的。

楮皮纸始见于东汉，当时主要用于南方。南北朝后，北方亦使用起来。《太平御览》卷九〇〇引晋人裴渊《广州记》说："取穀树皮，熟搥堪为纸。"南朝梁陶弘景《名医别录》说："楮，此即今构树也，南人呼穀纸亦为楮纸，武陵人作穀皮衣，甚坚好尔。"（引自《本草纲目》卷三十六"楮"）。这说的都是南方。后魏农学家贾思勰在《齐民要术》卷五专门介绍了楮的种植技术后说：其"煮剥卖皮者虽劳而利大。自能造纸，其利又多"。说明黄河中下游也已使用楮皮造纸。

我国古代桑树种植是很早的，最初是为养蚕，后又用来造纸，北宋苏易简（958—996）《文房四谱》卷四云："雷孔璋曾孙穆之，犹有张华与祖书，所书乃桑根（枝？）皮也。"说明西晋时期已经使用了桑皮纸。在此有一点值得注意的是文献中的"根"字可能有误，因造纸常用枝茎之皮，根皮是不可用来造纸的。今见较早的桑皮纸实物有威斯纳分析的新疆罗布淖尔所出魏晋公文纸，除桑皮外其中还掺入了破布。此外敦煌千佛洞土地庙出土的北魏兴安三年（454）《大悲如来告疏》用纸，阿斯塔那高昌建昌四年（558）墓出土的《孝经》（一卷）补缝用纸，皆系树皮纸，大凡多是楮皮、桑皮制成的[①]。

---

① 潘吉星：《中国造纸技术史稿》，文物出版社 1979 年版，第 56—58 页。

藤皮纸创始于晋，并首盛于今浙江省嵊州市南曹娥江上游的剡溪附近，故史又谓之剡藤纸。张华《博物志》云："剡溪古藤甚多，可造纸，故即名纸为剡藤。"说明"藤皮纸"在西晋已经出现。又据《北堂书钞》卷一〇四，《初学纪》卷二十一所引，东晋范宁（339—401）在浙江做地方官时，曾规定："土纸不可以作文书，皆令用藤角纸。"此"角"，有人认为是"穀（楮）"之转音，"藤角纸"即"藤、角纸"。可知当时皮纸质量已经较高。众所周知，在常用造纸原料中，麻类纤维的长宽比最大，纤维素含量最高，桑皮纤维的物理化学性能在诸皮类纤维中也是较好的，所以新发明出来的剡藤纸能取代旧有的麻纸，桑皮纸作为文书用纸，说明它在范宁之前就走过了一段相当长的发展历程。

在此有一点需要讨论的是范宁所说"土纸"的真切含义，因它牵涉到我国古代造纸技术的重要事项。有学者认为，此"土纸"即后世的"草纸"，理由是今俗谓草纸为"土纸"；也有学者持另一观点，说此"土纸"是当地原本生产的麻纸或桑皮纸，理由是：在今见文献中，以麦秆、稻草造纸之事是宋代才看到的。我们比较倾向于第二种说法，即魏晋南北朝时，我国尚无草纸。

藤皮纸盛于晋，延及于唐，名噪一时。因其原料来源有限，产地不广，产量亦不高，宋后即为竹纸所淘汰。潘吉星先生分析过数十件古纸，藤皮纸未曾一见。

侧理纸是具有特殊风格的艺术加工纸。有关记载始见于后秦王嘉《拾遗记》卷九，说西晋张华《博物志》成，晋武帝赐张华侧理纸，说此纸乃南越人以海苔制成，其理纵横邪侧，而水苔又名陟厘，后代人又以"陟厘"与"侧理"相混，遂产生了侧理纸之名。因文献记载过于简单，长期以来，人们对其制作工艺是不太了解的。潘吉星进行了一系列的模拟试验，发现用水苔是造不出一般实用性纸张的，有一种沙草科的苔类植物虽可造纸，但它非水苔。后来潘先生又以麻料、树皮、竹料制成纸浆，再掺入少量鲜水苔，制成的纸与《拾遗记》等书所云纹样一致。依此，潘吉星先生认为，侧理纸的基本原料仍然是一般麻类和韧皮类纤维，而非侧理，侧理仅仅是作为一种填充料、添加料而使用的。基本操作是：在捞纸前向纸浆中加入少量的有色纤维状物，如绿色的水苔、紫色的发菜等，之后再打槽捞纸。这样生产出来的纸就会呈现出一种纵横交织的有色纹理 ①。可知侧理纸名称之由来，与麻纸、皮纸是不同的。

由现有资料看，魏晋南北朝的造纸用原料主要是麻、树皮和藤皮三种。此外，也有学者认为此期还使用过竹来造纸，这是需要讨论的。此说的主要依据是宋赵希鹄《洞天清录集》所云："若二王真迹，多是会稽竖纹竹纸。盖东晋南渡后，难得北纸。"此"二王"即晋代大书法家王羲之、王献之父子。但也有学者对此说表示怀疑，一是因为我国古代关于竹纸的可信记载是属于唐宋时期的，北宋苏轼《东坡志林》卷九说"今人以竹为纸，亦古无所有也"，可见苏轼亦认为古无竹纸；二是今日所见的所谓"二王真迹"，如《中秋》《雨后》，其字里行间总是要流露出米代的气息。我们比较倾向于后一观点。

3. 加工技术的进步

这主要表现在三个方面：一是常规操作进行得更为精细，二是使用了活动帘床抄纸器，三是使用了向纸施胶、表面涂布粉料和染色的技术。

把两晋南北朝纸与汉纸作一比较后，我们很快就会发现，两晋南北朝获得了十分明显的进步：表面平滑，白度增加；结构较为紧密，纸质

---

① 潘吉星：《中国造纸技术史稿》，文物出版社 1979 年版，第 60—61 页。

较细较薄；纤维束较少，帚化程度较高（有的晋纸达 70%，竟与今机纸相近），有明显的帘纹。在今见此期古纸中，不少是品质优良、色泽宜人的，如吐鲁番出土的晋抄本《三国志·孙权传》用纸，便是优良的上等加工纸（粉笺），表面光洁，其色甚白，纤维束较少，纤维交织紧密，其质细薄，在显微镜下，纤维帚化程度很高，为高黏度纸浆[1]。又如敦煌石室写经中的北魏太安四年（458）《戒缘下卷》用纸，表面平滑，白度亦较高，纤维细长，交结均匀，筋头较少。又如敦煌石室写经北魏延昌二年（513）《大方广佛严华经卷第八》用纸，其质甚薄，表面曾经研光，纤维曾经充分打浆。当然，与唐代相较，两晋南北朝纸的质量多数还不是太高的，这在敦煌石室写经和新疆古纸中都表现得比较明显，经常混有不曾打散的纤维束。如吐鲁番出的西凉建初十四年（418）纸鞋，纸质较厚，纤维分散度不大，杂质未曾除尽。阿斯塔那出土的升平"十四年（370）文书"纸，厚薄不均，纤维束很多，纤维交结不够紧密。在分析过的此期纸样中，染色反应一般都较明显，如前引石室写经西凉建初十二年"律藏初分第三"纸样，北魏延昌二年"大方广佛严华经卷第八"纸样等，对碘氯化锌溶液皆呈酒红色反应，说明其原料是经过了碱性处理的[2]，碱性处理对于打碎纤维束、去除夹杂，都具有十分重要的意义。总之，两晋南北朝的造纸工艺，从沤制脱胶、碱液蒸煮、舂捣、漂浸，到打浆、捞纸等一系列工序，比汉代都是进步了的。有学者推测，当时很可能已经采用了践碓来代替杵臼舂礁，其舂捣和洗涤都不止进行一次，否则是难得使纤维打得那样细小、洗得那样干净的。

从新疆出土的古纸和敦煌石室写经纸的考察来看，我国古代的抄纸

---

① 潘吉星：《新疆出土古纸研究》，《文物》1973 年第 10 期。

② 潘吉星：《中国造纸技术史稿》，文物出版社 1979 年版，第 174—182 页。

器大约有两种类型：一是织纹模，二是帘纹模。前者产生年代较早，我国早期的纸多数是用这种纸模抄造的，新疆出土的"前凉建兴三十六年（348）文书残件"，"西凉建初十四年（418）纸鞋"，都使用了这种模具。其中西凉建初十四年纸鞋模具的网目为110孔/平方厘米。有关研究认为这种抄纸器应当是一种固定的长方形或方形筛状物，其模底呈经纬线交织，为了贮存纸浆，其上应有一个高约1厘米的凸缘。纸模的形状和尺寸可视需要和操作情况而定。由于网筛状纸模的影响，这种纸的一面通常都印有网筛状织纹，或"布纹"。这种抄纸器在我国一直沿用了下来，直到近现代，一些边境地区仍有使用。它的缺点是：湿纸需晾干后才能揭下，故生产率较低。帘纹模至迟出现于晋代，目前看到的实物有前面提到的吐鲁番出土的晋《三国志·孙权传》抄本，阿斯塔那出土的"西凉建初十四年文书残件"，同一地方出土的西凉建初纪年残纸片，以及北凉缘禾六年（438）《衣物疏》。其实在敦煌石室写经纸中，晋代以后的纸大多数都有帘纹。早期，即晋、十六国南北朝的帘纹一般较粗，五代的亦多数较粗，隋唐时代则多数较细[①]。

从传统工艺的调查来看，帘纹纸的抄造器应包括三个部分：一是帘子，由较细且圆的竹条或其他植物茎秆编成，它可随意舒曲卷叠；二是帘床，是为支承帘子用的阶梯框架，木质；三是边柱，用来把帘子固定在帘床上，亦系木质。此三部分可随意折合。抄纸时，先置帘于床上，左右两方用边柱压紧、固定。将纸模倾斜地插入纸浆中，纸浆便随即流入帘面。提出帘床，经滤水后，帘面上就会得到一层薄薄的湿纸膜，拆下边柱，取出帘子，并将纸膜翻扣在一个平板上。如是者反复进行，活动帘床不断地捞纸，湿纸膜不断地被翻扣到平板上；纸膜层层相叠，

---

① 潘吉星：《中国造纸技术史稿》，文物出版社1979年版，第182、177页。

以至于千百层。将湿纸粗压一次，挤出一些水分后，在半干状态便可将纸逐层揭下刷于墙上晾干。这种活动纸模的优点是：只用一套模具就可抄出千万张纸来，从而降低了设备成本，亦提高了生产率。一般而言，因南方多竹，床帘多是竹的，北方竹少，床帘多以芨芨草或萱草

芨芨草

芨芨草植株具有粗而坚韧、外被砂套的须根、秆直立、坚硬，主要分布于中国、蒙古和俄罗斯。

萱草

萱草具有短根状茎和粗壮的纺锤形肉质根，叶形为扁平状的长线型，原产于中国、日本和西伯利亚、东南亚地区。

茎秆编成。在古纸中，有的帘纹疏密度为 9—15 根／厘米，当是竹帘所成；有的为 5—7 根／厘米，当是草帘所成的[①]。因草帘较粗，抄纸时滤水速度较快，故往往纸质不够紧密均匀，为克服这一缺点，常把纸抄得较厚，宋赵希鹄《洞天清禄集·古翰墨真迹辨》称"其质松而厚"，即是此意。竹帘较为细密，滤水速度适中，故能抄出薄而且匀的纸来。当然，北纸也有许多是洁白细薄的，纸之粗细不仅与帘之粗细有关，而且与造纸过程的许多工序都有一定的关系。从古纸考察情况看，南纸、北纸的帘纹横竖情况，以及帘的结构都大体一致，宋赵希鹄《洞天清禄

---

① 潘吉星：《中国造纸技术史稿》，文物出版社 1979 年版，第 62—64 页。

集·古翰墨真迹辨》说"北纸用横帘造，纸纹必横……南纸用竖帘，纹必竖"，是没有根据的。纸纹之横竖主要取决于裁纸和书写方向，与地区并无关系。此期帘纹纸的尺寸，据潘吉星先生测定为：两晋时期的甲种纸（小纸）直高23.5~24.0厘米，横长40.7~44.5厘米；乙种纸（大纸）直高26~27厘米，横长42~52厘米。南北朝的甲种纸（小纸）直高24.0~24.5厘米，横长36.3~55.0厘米；乙种（大纸）直高25.5~26.5厘米，横长54.7~55.0厘米[①]。这些纸虽然多数稍经剪裁，但大体上保留了原有纸幅的尺寸。尤其值得注意的是：新疆前秦建元二十年（384）墓出土过一件未经剪裁的完整古纸，实测尺寸为23.4厘米×35.5厘米。北宋苏易简《文房四谱》卷四说："晋令诸作纸，大纸（广）一尺三分，长一尺八分，听参作广一尺四寸，小纸广九寸五分，长一尺四寸。"若依晋后尺一尺为今24.532厘米折算[②]，可知苏易简所云晋大纸尺寸为广25.27厘米，长26.49厘米，小纸广23.31厘米，长34.34厘米；与上述实测数有一定差距，主要是因操作习惯不同，各地抄纸器大小不一所致。可见两晋南北朝古纸一般都是长方形的，不管"小纸"还是大纸，幅度都不大，后世那样的大幅宽纸很少看到。这种抄纸器自可一人操作。

活动帘床抄纸器的发明和发展，极大地提高了纸的产量和质量，对造纸技术的发展起到了十分重要的作用。我国造纸技术外传后，它亦随之在全世界广为流传；公元十八九世纪欧洲出现的长网和圆网造纸机，就是在这活动帘床抄纸器的结构原理上发明出来的。

在显微镜下观察时，古纸的结构一般都十分疏松，纤维间充满了无数孔隙和通道，故下笔书写时往往会走墨渲染。为改善纸的书写效果，人们采取了一系列技术措施，最初是用光滑的细石将纸面砑光，以阻塞

① 潘吉星：《中国造纸技术史稿》，文物出版社1979年版，第64页。

② 矩斋：《古尺考》，《文物参考资料》1957年第3期。

部分毛细管和纤维间隙，后来又发明了施胶术，以增加对液体渗透的阻抗力。

施胶又分为表面施胶和内部施胶两种，最早的胶剂是糨糊，后来还使用过其他物质，从现有资料看，它们均始见于东晋时期。1973年，潘吉星先生在检查后秦白雀元年（334）衣物券疏用纸时，发现其表面施了一层淀粉糊剂，并且曾以细石研光过；此外，西凉建初十一年（415）契约纸也有淀粉处理过的痕迹。表面施胶通常是只在正面进行的，背面不作任何处理。此法的优点是操作简便，效果明显，缺点是淀粉层易于隆起，以致脱落下来。内部施胶则基本上避免了这些缺点。今见较早的内部施胶标本有：北京图书馆藏西凉建初十二年（416）石室写经《律藏初分第三》纸，其纸浆纤维间含有淀粉糊状物；另外，新疆出土的建初十四年（418）文书纸也是施了淀粉糊的。内部施胶的基本操作是将胶剂添加到纸浆中搅匀，亦可将淀粉液直接掺入纸浆中。此法的优点：一是因淀粉粒沉积于纤维上，填入纤维间隙中，便增强了纸对水渗透的阻抗力；二是淀粉汁可提高纤维在纸浆液中的悬浮性，使纸的结构更为致密、均匀。

向纸施胶也是我国古代纸工的一项重要创造。它与现代技术原理也是十分相符的。因淀粉高分子中具有极性羟基，故亦能与纸纤维素分子的极性羟基间产生氢键缔合。这就提高了纸的强度，增强了纸不透水的能力。直到清代，这工艺仍在汉、满、蒙、维、藏族地区流传着，据考察，明清时代的许多满、蒙、维、藏文抄本，表面上都有一层淀粉糊。它发明于我国，后来也随造纸术一起传到世界各地。

表面涂布是古纸表面处理的又一重要措施。操作要点是在纸的表面涂布一些白色的矿物粉。目前所见较早的实物有新疆出土的前凉建兴三十六年（348）文书残件，以及东晋写本《三国志·孙权传》[①]，年代稍后的还有前秦建元二十年（384）文书，正面也涂了白粉，背面未作处理。20世纪初，威斯纳在分析新疆出土的南北朝纸时，发现其表面亦涂有一层石膏粉末。这些都是我国也是全世界最早的涂布纸。

从现代技术原理推测，涂布用白色粉料主要是石膏，此外可能还有白垩、滑石粉、石灰等物。做法是先将这些物料碾细，并制成悬浮液，再将之与淀粉共煮，经充分混合后，用排笔涂于纸上，再经干燥和砑光；这样，纸的白度、致密度、平滑度、吸水性都会得到提高，透光度则明显降低下去。如东晋写本《三国志·孙权传》用纸，今日所见仍然是颜色洁白，字迹古朴俊秀，墨黑而有光，犹如新作之般。

此时，纸的染色装潢技术也有了发展。此术约始见于东汉，刘熙《释名》说：潢"染纸也"。纸张染色的目的，一是增加美感，二是杀虫防蛀。从有关记载看，潢纸之法有二，即先写后潢和先潢后写。西晋陆云《陆士龙集》卷八《与兄平原（陆机）书》云："前集兄文为二十卷，适讫一十，当黄之，书不工，纸又恶，恨不精。"此说的便是先写后潢。《晋书·刘卞传》云：刘卞到洛阳入太学试经，吏"令写黄纸一鹿车。卞曰：刘卞非为人写黄纸者也"。这是说先潢了而后再写的。在今见古纸中，敦煌石室写经纸便多是这种先潢而后写者。

黄纸当时在民间宗教活动和官方都有使用。《太平御览》卷六〇五引崔鸿《前燕录》云："慕容儁三年（354）广义将军岷山公黄纸上表。"可见这是把黄纸当作官府用纸。前云桓玄登位后诏告臣僚以黄纸上表，亦是使用黄纸的例证。

染潢所用染料主要有黄柏等。东汉炼丹家魏伯阳《周易参同契》

① 潘吉星：《新疆出土古纸研究》，《文物》1973年第10期。

黄柏

黄柏是中药中的一种清热燥湿药，为芸香科乔木植物黄檗的树皮，性苦、寒，可泻火解毒。

云："若蘗染为黄兮，似蓝成绿组。"此"蘗"即黄檗，黄柏，系乔木，其干皮呈黄色，味苦，气微香，皮内含有一种生物碱，可作染料用，亦可杀虫。

在今见古纸中，敦煌石室写经纸是加工较好的。有表面涂布粉料、砑光、染色等，这大约与人们对各种宗教经书比较重视有关。新疆出土的多为官府籍账、民间契约、文教用纸等，故均为本色纸，只有东晋写本《三国志·孙权传》等少数为上等加工纸。

四 / 建筑技术

东汉末年以来，战事连年，建筑业受到了很大摧残。汉献帝初平元年（190）二月，董卓"徙天子都长安，焚烧洛阳宫室"。初平三年，董卓在长安为王允等人所杀，其部将李傕、郭汜"转相疑，战斗长安中，催质天子于营，烧宫殿城门"（《三国志》卷一《魏武帝记》、卷六《董卓传》）。这样，汉代东西两京几乎全遭毁坏。稍后，中原许多大型商业都市横遭洗劫。北魏统一北方后，中原建筑业才稍见恢复，南方因较稳定，建筑业得到了一定的发展；除原有的吴城、会稽、建康等外，杭州、扬州、洪州也发展成了较大的城市。此期建筑技术创新较少，主要是沿用汉代的一些成就。比较值得注意的事项是：在建筑材料方面，建筑用陶在数量和质量上都超过了前代，北魏还把琉璃用到了建筑业中；在采暖技术方面，出现了关于火地法的记载；作为佛教建筑的寺、塔、石窟都获得了空前的发展，由于佛教文化与传统文化的结合，使原较质朴的汉代建筑更加成熟、圆淳起来；木结构和砖结构技术都有了提高，砖结构也进入了高层建筑的阶段；由于私家园林的突起，使我国古代园林建筑也进入了一个崭新的阶段。

石窟

石窟原是印度的一种佛教建筑形式。甘肃敦煌莫高窟、山西大同云冈石窟、河南洛阳龙门石窟和甘肃天水麦积山石窟被称为"中国的四大石窟"。

（一）建筑材料技术

魏晋南北朝的建筑材料技术有了不少发展，其中尤其值得注意的是制砖、制瓦以及琉璃技术。金属材料使用较少，主要用作一种装饰。

1. 制砖技术

我国古代的建筑用砖约发明于先秦时期，但当时的使用量还是较少的，且所产主要是空心砖和铺地砖。及汉，承重才成了砖的主要功能；不但一般建筑，而且衬井、下水道以及地下的墓室，都较多地使用起砖来。砖瓦生产也成了独立的手工业部门，但大型空心砖、异型砖仍较流行。魏晋南北朝制砖技术上的主要成就有二。一是尺寸较小，体形简单，通用性较强的条形砖成了建筑用砖的主流。考古发掘中较常见的一种条形砖尺寸约为：长35厘米、宽17厘米、厚5厘米左右。大型空心砖已经较少。二是青砖和窨水技术已经推广开来。此期建筑用砖相当部分是青灰色的。一般建筑以及高层佛塔等都大量地用砖。北魏杨衒之《洛阳伽蓝记》一书曾提到过不少砖塔，保存至今的北魏正光四年（523）嵩岳寺塔便是其中之一。人们还用砖包砌城墙。据《水经注》卷十《浊漳水》云：曹魏邺城便曾采用过这一措施。此期砖窑也是不少的，仅浙江漓渚一域便发掘了南朝砖窑8座。

嵩岳寺塔
嵩岳寺塔位于河南省登封市，中国现存最古的密檐式砖塔。1961年3月4日，嵩岳寺塔被国务院公布为第一批全国重点文物保护单位。

此时，砖已成了一种商品。1954年，广州西晋墓所出砖上刻印有这样的文字："永嘉七年皆宜市价。"[1]这一方面是纪年，同时也是对价格的一种宣传。砖画艺术也有了一定发展，江苏丹阳南齐墓出土一幅模印砖壁画，长2.4米、高0.8米，由几百块印有花纹的条形砖拼凑而成，画面组合准确整齐，线条流畅雄劲[2]；从设计、刻模、制坯到烧造、砌

① 麦英豪等：《广州市西村发现古墓六座》，《文物参考资料》1955年第1期。
② 林树中：《江苏丹阳南齐墓砖印壁画探讨》，《文物》1977年第1期。

筑都表现了相当高的技艺。我国古代青砖窨水工艺始于何时，今日尚无十分确凿的资料。但有一件事却值得注意，《南史·王彭传》云：元嘉（424—453）初，王彭之父亡，"家贫力弱无以营葬，兄弟二人昼则佣力，夜则号，感乡里，并哀之，乃各出夫力助作砖。砖须水而天旱，穿井数十丈泉不出，墓处去淮五里，负担远汲困而不周。彭号天，自诉如此。积日，一旦大雾，雾歇，砖窑前忽生泉水，乡邻助之者并嗟神异"。这虽是个神话般的传说，文献对井水的用途又记述得不十分明白，但还是具有一定参考价值的，因其近在"窑前"忽生泉水；故有学者认为，它很可能是用作窨水而不是和泥的。再结合考古资料看，此工艺在南北朝应已普及。窨水的工艺原理是：创造一种还原性气氛，使碳素大量还原出来，并沉积于砖的缝隙中[①]，同时使砖急冷，从而缩短了生产周期；与红砖相较，青砖具有强度高、抗风化能力较强等优点。

2. 制瓦

我国古代制瓦技术至迟发明于西周。春秋末期，使用量逐渐增多起来；秦汉便达到了比较兴盛的阶段。魏晋南北朝时制瓦技术又有了发展，其中比较值得注意的事项是：表面加工技术更为讲究，板瓦瓦沿的束水作用有了改进，分工上更为细致。

洛阳北魏宫城遗址发现有板瓦、筒瓦、瓦当和瓦钉。板瓦呈深褐色，质地坚密、火度较高，瓦面经过了磨削，上有一层陶衣。约长 49.5 厘米、宽 33 厘米、厚 2.5 厘米，重 12 公斤；其筒瓦表面亦经过了刮磨，表面呈釉黑色光滑莹润[②]。邺城遗址出土过东魏、北齐时期的砖瓦，其板

① 周仁等：《黄河流域新石器时代和殷周时代制陶工艺的科学总结》，《考古学报》1964 年第 1 期。

② 中科院考古研究所洛阳工作队：《汉魏洛阳城一号房址和出土的瓦文》，《考古》1973 年第 4 期。

筒瓦

筒瓦是一种曲面屋瓦，用作大型庙宇、宫殿的窄瓦片，制作时为筒状，成坯为半，经烧制成瓦，一般以黏土为材料。

瓦长58厘米、上宽33厘米、下宽40厘米、厚3.5厘米，重14.75公斤；正面呈黑色，油光发亮，火候较高，敲击时发出清脆的声音。筒瓦的色泽、火候亦与板瓦一样[1]。元遒贤《河朔访古记》引《邺中记》云："北齐起邺南城，其瓦皆以胡桃油油之"，文献所指很可能就是这种黑瓦。它实际上是宋代《营造法式》所云青掍瓦的前身。此期流行的板瓦多呈"花头"形，一般只在板瓦沿下部挖成波浪形、锯齿形，以利于滴水；但有的已发展成"垂唇板瓦"。这在北响堂第二窟北齐窟檐等处都可看到其演变的雏形[2]。瓦上刻印的文字更较砖为多，有纪时、纪姓氏，也有纪职位等。洛阳北魏一号房址出土文字瓦计911块，其中刻纹瓦868块，印文瓦43块，从这些文字的考察情况看，其生产组织还是相当严密、复杂的。经营烧造的手工业主叫"隧主"，其下设"匠"，这是掌握全面技术的工师，匠下依工种和工序之不同，又设有"轮"（或叫

① 河北省临漳县文物保管所：《邺城考古调查和钻探简报》，《中原文物》1983年第4期。

② 俞伟超：《邺城调查记》，《考古》1963年第1期。

中国历代科技史·魏晋南北朝科技史

"轮头"）、"削""昆人"。大约"轮头"负责制作瓦坯，"削"人负责分割瓦坯、"昆人"是负责打磨瓦面的[1]。

3. 琉璃

我国古代琉璃技术约发明于西周及至秦汉，生产和使用量还是较少的。大约北魏时期，琉璃才用到了建筑业中。《北史·西域传》载：大月氏国，"太武时，其国人商贩京师，自云能铸石为五色琉璃，于是采矿山中，于京师铸之；既成，光泽乃美于西方来者，乃诏为行殿，容百余人，光色映彻。

琉璃

琉璃是以各种颜色的人造水晶为原料，在 1000 多度的高温下烧制而成的。2008 年 6 月，琉璃烧制技艺入选国务院批准文化部确定的第二批国家级非物质文化遗产名录。

……自此中国琉璃逐贱人不复珍之。"据报道，大同北魏故城遗址曾发现有琉璃瓦残片，胎含细砂，釉色浅绿，比唐三彩粗糙[2]。琉璃砖瓦用于建筑，使建筑物更显示出华美的姿态。

（二）建筑防护技术

我国古代的建筑防护技术很早就达到了较高的水平，经过一代代沿袭下来，不断得到改进、补充和发展。从文献记载看，此期比较值得注意的是防腐和取暖两个方面。

使建筑物受到腐蚀和破坏的原因主要有物理的、化学的和生物的

---

[1] 《汉魏洛阳城一号房址和出土的瓦文》，《考古》1973 年第 4 期。

[2] 将玄怡：《古代的琉璃》，《文物》1959 年第 6 期。

三种因素。前者如热胀冷缩等，其次如空气、雨水的腐蚀，后者如虫蠹等。但不同的材料，其抗蚀能力又是不完全一样的。古人对此亦早有了一定的认识。《重修政和经史证类备用本草》卷四十一引《本草图经》云：《尔雅》云柀𣏗，与杉同。郭璞注云：黏似松，生江南，可以为船及棺材，作柱埋之不腐也。又人家常用作桶板，甚耐水。"可见杉的耐腐蚀能力是较强的。晋郭璞所云之"柱"自然包括建筑用柱在内。人们对伐木时间也很有讲究。并掌握了多种补救处理的方法。《齐民要术·伐木》篇说："凡伐木，四月七月，则不虫而坚韧。榆荚下，桑葚落，亦其时也，然则凡木有子实者，候其籽实将熟，皆其时也（原注：非时者，虫而且脆也）。凡非时之木，水沤一月，或火煏取干，虫则不生（原注：水浸之木，皆亦柔韧）"。可见一般木材的最佳砍伐时间是四月七月，如果不是这一时期砍下，则须进行"水沤"或"火煏"，作为一种补救性防护处理。从有关记载看，当时人们还使用过一些其他防护措施。《抱朴子》云："铜青涂木，入水不腐"（引自《本草纲目》卷八"金石、铜青"条）。此"铜青"即含水硫酸铜，具有一定的杀菌能力。这些技术，自然都要被人们使用到建筑业中的。

我国古代建筑取暖方式较多，但"火地"取暖法却是南北朝或者稍前发明出来的。《水经注》卷十四《鲍丘水》云：观鸡寺"寺内起大堂，甚高广，可容千僧；下悉结石为之，上加涂塈，基内疏通，枝经脉散；基侧室外，四出爨火；炎势内流，一堂尽温。盖以此土寒严，霜气肃猛；出家沙门，率皆贫薄；施主虑阙道业，故崇斯构，是以志道者多栖托焉"。这里详细地描述了火地法的构筑和热工原理，是我国古代火地采暖的较早记载。因其烧火口和烟囱皆设于室外，热气流因从地板上通过而把地板加热，烟和灰都不至于污染室内，散热量大而且均匀，在席地而坐的时代，无疑是一种较好的取暖法。前此，我国还使用过一种炙地取暖法，显然，这应是炙地取暖的发展。也是我国古代建筑取暖的一项重要创造。

（三）城市建筑

城市建筑，尤其是都城和宫殿建筑，往往比较集中地反映了每一时代的建筑思想和施工技术的先进水平。在魏晋南北朝城址中，目前经过调查或初步发掘的有曹魏邺城、孙吴武昌（今湖北鄂州）、六朝建康（今南京）、北魏洛阳、北魏平城（今大同）等。以下仅对邺城、洛阳作一简单介绍。

1. 曹魏邺城

邺城址位于今河北省临漳县和河南省安阳县交界处，相传始建于春秋时期[①]。曹魏、后赵、前燕皆都于邺之北城；东魏、北齐都于邺之南城。但今除位于邺城西北隅的铜雀台、金虎台在地表犹见遗址外，余皆荡然无存。1957年[②]，1976—1977年[③]和80年代末[④]考古工作者先后三次对之进行了调查和试探，证明古代文献关于邺城的记载是基本属实的。

《水经注》卷十《浊漳水》云：曹魏邺北城，"东西七里，南北五里"。晋陆翙《邺中记》云：邺城西北隅有三台，由南往北，依次为金虎台、铜雀台、冰井台。"铜雀台高一十丈，有屋一百二十间"，"三台崇举，其高若山云"。"三台皆砖甃，相去各六十步，上作阁道如浮桥，

---

① 《管子·小匡》第二十："（桓公）筑五鹿、中牟、邺、盖与社丘，以卫诸夏之地。"

② 俞伟超：《邺城调查记》，《考古》1963年第1期。

③ 《邺城考古调查钻探简报》，《中原文物》1983年第4期。

④ 吴会劲等：《曹魏故都邺城考古获重要成果》，《中国文物报》1989年4月14日。

连以金屈戍……施则三台相通，废则中央悬绝也"。

此"屈戍"原指门窗上的环钮，搭扣。金虎台台基系夯土而成，据估测，其底部尺寸为：东西约 70 米，南北约 120 米，台基南端高约 9.5 米，北端约 8.0 米；台基上部有 70—80 厘米的瓦砾层。铜雀台台基残损已甚，南北残长约 20 米，东西宽窄不甚整齐，残高约 3.0 米余。冰井台已为漳水荡涤以尽。在金虎台与铜雀台之间，尚见有一条长约 85 米、宽 50 米、高 1.5 米的夯土残垣，当为邺城西垣残迹[①]。

由《水经注》、《邺中记》、明嘉靖《彰德府志》等文献和有关考古资料看，邺城可分为南北两个部分。其间有一条横贯东西的主干道。北区较大，是为官府区；其正中为宫城，宫城东侧为曹氏宫室和官署；官署之东为王室贵族居住的"戚里"。宫殿建筑群和东侧的宫室，官署区都布局十分严整。宫城西边全为王家专用园林（即铜雀园），三台亦正在此园林的西北角上。南区为一般居住区，分成若干个正方形的坊里，有三个市及手工业作坊。南区有三条南北向大干道。全城的东西干道与南半部的中轴干道成丁字形相交于宫门前。城市用水经城西北由漳引入，经三台下流入铜雀苑和宫殿区，分流一部分至坊里，由东门附近流出城外。邺城的主要宫殿皆毁于西晋末年，后赵石虎曾作过修复，并扩建了三台。北齐时，在旧邺城之南又筑了一个邺南城。《北史》卷五十四《高隆之传》云："邺，营构之制皆委隆之，增筑南城周二十区里。"[②]冰井台被毁的具体时间今已难考，嘉靖《彰德府志》卷二《地

① 俞伟超：《邺城调查记》，《考古》1963 年第 1 期。

② 《邺中记》云："邺南城东西六里，南北十八里六十步，高欢以北城窄狭，故令仆射高隆之更筑此城。"高隆之系北齐人，《邺中记》为晋陆翙所撰。此段文字当非陆翙原文，而系后人补入。《四库全书总目提要》所言极是。今人曾对邺南城作过钻探，测知其东西墙相距 2602 米，南北墙相距 3454 米。与《邺中记》所云基本相符（见《中原文物》1983 年第 4 期）。

理·邺镇》条载："今惟三废台存，旧基略无可见者。"可知三台在明代中叶尚有遗址可寻。乾隆《彰德府志》卷四《古迹·邺都北城》条载：三台"为曹魏遗址，今亦尽沦漳水，河岸有颓坡，或云即金凤台故址"。此"金凤台"为石虎时名，即是曹魏金虎台，可知二台当毁于清雍正、乾隆以前。

金凤台

金凤台是河北省临漳县邺城三台之一。金凤台原名金虎台，与铜雀台、冰井台并称"邺城三台"。临漳享有"三国故地、六朝古都"之美誉。

　　邺城布局有两个特点：一是官用区与民用区严格分开，这既继承了古代城与郭的区分，也继承了汉代宫城与外城的区分，而且更较汉代为甚，汉长安和洛阳官用区犹有与坊里相参，或为坊里包围的现象。二是全城的主干道成"丁"字形相交于宫门前，就把中轴线对称的布局法则从一般的建筑群扩大到了整个城市。这种布局对后世城市规划产生了很大的影响。

2. 北魏洛阳

洛阳是我国六大古都之一，自东周始，东汉、曹魏、西晋、北魏等均建都于此。北魏洛阳是在西晋都城废址上重建的。北魏早期原建都平城（山西大同），为便于统治并学习汉族的统治经验，孝文帝才迁都于此。当时汉晋洛阳早已荒毁，仅存宫殿遗址。太和十七年（493）决定迁都并开始营建，十九年九月庚午六宫及文武尽迁洛阳（《魏书》卷七《高祖纪》）。景明二年（501）九月，发畿内5500人，筑成220个坊里；每里方300步，四旬而成[①]。景明三年，宫室全部建成。

有关研究认为，整个北魏洛阳城似可分作外郭、京城（内城、大城）、宫城三重。《洛阳伽蓝记》卷五说："京师东西二十里，南北十五里。"此即指外郭言，外郭是东西长，南北窄的。但从考古资料以及文献记载看，内城（京城）却是南北长，东西窄的[②]，汉魏洛阳京城之东、西、北三面墙基遗址今尚保存较好，唯南墙因洛水北移而无遗迹可寻。今见的几面墙基都有几个曲折。经实测，西墙垣残长约4290米，宽约20米，北垣全长约2700米，宽25—30米；东垣残长约3895米，宽约14米，南垣长度若以东西两垣的距离计，则为2460米。北垣东段和东垣残高达5—7米。东、西、北三面城垣，今已探出城门10座。在现存城门遗址中，以西北角的大夏门最大，其原应有三个门洞，其他各门皆只有一个门洞。京城西北隅有一金墉城，由三座南北毗连的小城组成，彼此间有门道相通，总平面图略近"目"字形；南北长约1048米，东西宽约255米，垣宽12—13米；城垣夯筑坚实。金墉城始筑于

---

① 《魏书》卷八《世宗马》说是320坊里，但《洛阳伽蓝记》卷五说是220坊里，今从后说，因320坊里在当时的洛阳恐怕是容纳不下的。

② 范祥雍：《洛阳伽蓝记校注》，上海古籍出版社1978年版，第387—388页。宿白《北魏洛阳城和北邙陵墓——鲜卑遗址辑录之三》，《文物》1978年第7期。

曹魏，其背倚邙山，形如堡垒，可俯视城区，其方位和作用皆与邺城三台相似，从勘察资料看，自曹魏至北魏，洛阳城垣是沿用东汉旧制的，绝大多数城门的位置历代相袭不变，城内的主要建筑，如宫城、街道、官署、寺院、里（坊）等，有的可能是由汉魏沿袭下来的，但总体应是北魏遗址。四周城垣不取直线而故作曲线状，似含有军事上的用意，一些城门外造双阙，亦具有防御作用[①]。

北魏宫城位于全市中轴线稍稍偏北，原系东汉北宫故地；整体作长方形，南北长约 1398 米，东西宽约 660 米，面积约为大城的十分之一[②]。《后汉书》卷二十九"河南尹·洛阳"条梁刘昭注引《帝王世纪》说："城东西六里十一步，南北九里一百步"；又引晋元康《地道记》说："城内南北九里七十步，东西六里十步"。可知文献记载与今实测是大体相符的。宫城的东、南、西三面墙垣均保存较好。南墙宽 8—10 米，残高 1.3—2.0 米；西墙宽 13—20 米，残高 1.2—2.2 米；东墙宽 4—8 米，最宽 11.0 米，残高 1.7—3.4 米；北墙未见墙垣。宫城已探出四个门，其中正门是南门，名阊阖门，门洞缺口 46 米，是全洛阳城形制最大的一座城门建筑，正对阊阖门的铜驼街为全城的主要轴线。由《洛阳伽蓝记》等有关记载来看，官署、太庙、社稷坛和永宁寺九层木塔，都在宫城前御道西侧；南城外还设有灵台、明堂和太学；西城外郭内多贵族宅第，靠近西郭墙的寿邱里是皇子居住区。市场主要集中在京城东的洛阳小市和京城西的洛阳大市。大市一带是手工业者和商人聚居区，外国商人则集中在南郭以外的四通市。宫城以北直至大城北垣这一区域，即是

① 中国科学院考古所洛阳工作队：《汉魏洛阳城初步勘查》，《考古》1973 年第 4 期。中国社会科学院考古研究所：《新中国的考古发现和研究》，文物出版社 1984 年版，第 518—519 页。

② 同上。

历代朝廷禁苑所在。北魏洛阳主要建筑布局大致体现了帝王之居建中立极，官府外设，左祖右社等封建都城建筑原则。

洛阳大城还修筑了一条护城河，顺城环流。《洛阳伽蓝记》卷二说："谷水周围绕城，至建春门外，东入阳渠石桥。"《舆地志》云："洛阳城外有阳渠水……东流注城西北角，仍分流绕城至建春门外合流，折东流注于池是也。"（《太平寰宇记》卷三）即是说：当时洛阳曾西引谷水东注，于西北角分流环绕大城，并在一些城门旁侧，分流进入城内，之后在大城东垣外侧建春门附近流入今洛河。洛阳的宫苑、城濠、漕运等用水主要都是依靠谷水的。

从文献记载和考古资料看，北魏洛阳城建筑有两点是很值得注意的一是其防御设备已相当完备，为前此各代不可比拟；二是对城市排供水设备考虑较为周密。

（四）佛教建筑之兴盛

佛教大约是西汉晚期传入我国的，南北朝前发展还不是十分迅速；南北朝时，由于上层统治者之笃信和极力提倡，迅速地传播开来。与此同时，佛教建筑也得到了较大的发展。目前所知我国最早的佛教建筑是东汉明帝（58—75 年在位）所立洛阳白马寺（《魏书·释老志》）；稍后，桓帝在"宫中立黄老浮屠之祠"（《后汉书·襄楷传》）；三国时，笮融在徐州造"浮屠祠"（《三国志·吴书·刘繇传》）；到了晋代，"洛中浮屠有四十二所"（《魏书·释老志》）。历史上许多著名的佛寺、佛塔、石窟群都是十六国至南北朝时期创建或者肇始的。《南史》卷七十《郭祖深传》载，梁时（502—557）都城建康有"佛寺五百余所，穷极宏丽，僧尼十余万……所在郡县不可胜言"。《魏书·释老志》载，太和元年（477），"京城（平城）内寺，新旧且百所，僧尼二千余人，四方诸

白马寺位于河南洛阳，始建于东汉年间，是中国第一古刹，是佛教传入中国后兴建的第一座官办寺院，有中国佛教的"祖庭"之称。

寺六千四百七十八，僧尼七万七千二百五十八人"。"延昌（512—515）中，天下州郡僧尼等（疑为寺）积有一万三千七百二十七所，徒侣逾众"。魏末，洛阳有寺1367所（《洛阳伽蓝记》卷五之末），天下有寺3万余所，僧尼数达200万①。还都邺城后，洛阳仍余寺421所，我国佛教建筑是外来文化与传统文化相结合的产物，是我国古代建筑史很有特色的一个组成部分，在建筑技术和建筑艺术上，都从一个侧面反映了我国古代建筑的先进水平。由南北朝到唐代，佛教建筑发展到了鼎盛的阶段。宋后虽然锐减，但直到清代仍在修建，在我国延续了1800年的时

① 汤用彤《汉魏两晋南北朝佛教史》（第512页）据《魏书·释老志》整理；转引自范祥雍《洛阳伽蓝记校注·原序》，上海古籍出版社1978年，第10页。

间，这在世界史上也是罕见的。

1. 佛寺

"佛寺"即是礼佛之所。在佛教传入之始，主要是遵循印度式样，以塔为崇拜对象来布置的；佛塔居中，佛殿居于塔后。《魏书》卷一一四《释老志》在谈到白马寺的建筑形式时说："自洛中构白马寺，盛饰浮屠，画迹甚妙，为四方式。凡宫塔制度，犹依天竺旧状而重构之，从一级至三五七九，世人相承谓之浮屠或云佛图。"这里十分突出地谈到了"依天竺旧状"。但这同时，人们实际上也开始了对外来佛教建筑的改造。首先是名称，作为礼佛场所的"寺"，原是汉代的一种官署。东汉永平年间，叶摩腾、竺法兰初至洛阳，住在专司接待宾客的官署鸿胪寺中，后来为之修建了白马寺，便是借用了鸿胪"寺"之称。这样，作为官署的"寺"，也才有了"佛寺"的含义。再看建筑形式，战国至秦汉，我国是盛行高层台榭建筑的，东汉则盛行多层楼阁。《三国志》卷四十九《刘繇传》笮融在徐州造"浮屠祠"，式样是"垂铜盘九重，下为重楼阁道"，一般认为此"铜盘九重"应即印度佛塔中的"刹"；"重楼阁道"应即是东汉的楼阁式建筑①。从文献记载和考古资料看，南北朝的佛寺布局似有两种类型，一是沿用了东汉以来的"浮屠祠"式样，即以多层木塔（或砖塔）为全寺的中心，周围布置廊院，或在塔后建大殿，著名的洛阳永宁寺则是塔后建大院的典型例子；二是原封不动地利用或稍加改造了的大府第，其常以前厅为佛殿，后堂为讲室，如《洛阳伽蓝记》卷一载建中寺等。北魏洛阳时期，第二种已较第一种为多。

永宁寺是北魏洛阳城内最大的一座寺院。据《洛阳伽蓝记》卷一

① 罗哲文等：《佛教寺院》，《中国古建筑学术讲座文集》，中国展望出版社 1986年版。

载，原系熙平元年（516）皇室所立，位于"宫前间阖门南一里御道西"。由《洛阳伽蓝记》《水经注》等及有关考古资料看，永宁寺主体部分应由塔、殿和廊院三部分组成，并采取了中轴对长的平面布置，其核心是一座位于三层台基上的九层木质方塔，塔北建佛殿，四面绕以围墙，形成一个宽阔的矩形院落。《洛阳伽蓝记》卷一载：永宁寺中有九层浮屠一所，架木为之，举高九十丈，上有金刹，复高十丈，合去地一千尺，盖京师百里已遥见之[①]。经实测，塔基今犹残高8米左右，其上下计分三层，底层夯基大体呈方形，东西长约101米、南北宽98米、厚2.1米；中层夯基呈正方形，边长50米、厚约3.6米，上层塔基用土坯砌成，呈正方形，边长10米、残高2.2米；与《水经注》卷一六《谷水》条所云永宁寺"浮屠下基方十四丈"相近，这是塔和塔基的情况。《洛阳伽蓝记》卷一又说：该"寺院墙皆施短椽，以瓦覆之，若今宫墙也，四面各开一门。南门楼三重，通三道阁，去地二十丈，形制似今端门"。可见寺院外墙一如宫墙之制。此外墙外还掘壕沟环绕，沿沟栽植槐树。同书同卷又说，永宁寺"浮屠北有佛殿一所，形如太极殿"，中有丈八金像、中长金像等，以及"僧房楼观一千余间"，可见永宁寺的布置与白马寺一样，依旧是突出了佛塔这一主题。

唐代以后，寺院布局进一步中国化。完全演变成了中国固有的宫殿、王府、宅第式的式重院落组合；塔在寺中的地位下降，以塔为中心的寺院布局再难看到，通常是把塔建于寺后，或者寺前。

2. 佛塔

佛塔原是为埋藏舍利（释迦牟尼遗骨）的一种坟冢，是专供佛徒膜拜的。梵文称为"窣睹波"（Stupa）。印度塔原由三部分组成，即塔

---

① 关于永宁寺九级浮屠的高度，文献上有两种说法，一是《洛阳伽蓝记》所云全高100丈，二是《水经注》卷十六《穀水》说"自金露下至地四十九丈"。

基、复钵状的塔身和刹（伞盖）；其横截面为圆形，实心石构。随着佛教的流传，在不同的地区，又演变出了许多不同的形式。流传到新疆一带时，出现了一种方形基坛上加圆形穹窿的结构，其方坛中空成内室，穹窿为半球状，也是中空的，上面加有刹杆，这种塔即是《魏书·释老志》所云"庙塔"，就应是一种"精舍"，已非印度窣睹波原型。我国早期的塔，无论是木塔还是砖石塔，与"精舍"是比较接近的[1]，归结起来主要有楼阁式、密檐式和亭阁式三种类型。

楼阁式。是原印度塔与原东汉多层木构楼阁相结合的产物，是原印度塔在此已缩小成了塔刹。我国古代的多层木结构技术早在战国秦汉时期就达到了较高水平。《汉书》卷二十五《郊祀志下》谈到过一种"井干楼，高五十丈"。颜师古注引《汉宫阁疏》说它是状如井上木栏，积木而成的高楼。魏晋南北朝时，人们把此技术用到了佛塔构筑上，使此种楼阁式佛塔成了我国早期佛塔的主流。一般认为，孙吴笮融造徐州佛塔[2]，以及洛阳永宁寺塔等，都是属于这一类型的。

我国古代佛塔有一个十分重要的特点，即可以用来登高眺望；依佛教教义和印度塔原型，是无登临条件的。《魏书》卷六十七《崔光传》载，"二年（熙平？）八月，灵太后幸永宁寺，躬登九层浮屠"。《洛阳伽蓝记》卷一："衒之尝与河南尹胡孝世共登之，下临云雨，信哉不虚。"这一特点主要表现在楼阁式佛塔上，因我国高层楼阁原即有登临眺览的用途。

因木塔易毁，故唐和唐代以前的木塔在国内已难觅寻。值得欣慰的

① 中国科学院自然史研究所：《中国古代建筑技术史》，科学出版社1985年版，第189页。

② 罗哲文：《中国古塔》，《中国古建筑学术讲座文集》，中国展望出版社1986年版。

是大同云冈石窟中第一、二窟和第二十一窟的石刻塔柱，较好地向我们提供了不少北魏楼阁塔的宝贵资料。它使用了木建筑的柱、枋和斗拱，并且由下往上逐层减窄减低，不管是基本结构还是外部形态，都已中国化。由南北朝到宋代，是楼阁式佛塔的鼎盛期，几乎遍布了全国南北，还影响到了朝鲜、日本和越南，现在的楼阁式木塔多是宋代的。

密檐式塔。其始出现于公元 3 世纪的印度，传入中国后又发生了一些变化。主要特点是底层塔身较高，其上施 5~15 层密檐，塔檐紧密相接。与楼阁式同样，也是一种多层建筑；不同处是，因其檐密窗小，又无平座栏杆，故只有少部分可以登临，且效果不佳。建筑材料一般用砖、石。

保存下来的年代最早的密檐式塔是河南嵩山嵩岳寺砖塔。其建于北魏正光元年（520），高 39.5 米，底层直径约 10.6 米，内部空间直径 5 米，计 15 层；塔的整体为炮弹形，塔身平面为十二边形，底层转角用八角形倚柱，门楣及佛龛上已用圆拱券；非仿木结构，而且依砖的性能砌造短檐，未用斗拱，塔心室为八角形直井，以木楼板分为 10 层。由下往上密檐间距离逐层缩短，与外轮廓收缩配合良好。使塔身显得稳重又秀丽。

我国古代木塔和砖塔的产生年代应是相差不大的，但因传统的木结构技术较高，故早期以木塔为主；后因砖结构技术的提高，便逐渐取代了木塔的主要地位。今见于记载的早期砖塔有：晋太康六年（285）洛阳建阳里三级砖塔，北魏时重建；晋义熙十二年（416）洛阳军人建砖浮屠等[1]；北周庾信（513—581）在《和从驾登云居寺塔》诗中谈到的嵩山九层浮屠亦是砖砌而成。诗云："重峦千仞塔，危登几层台，石阙

---

[1] 《洛阳伽蓝记》卷二。晋太康寺，北魏重建后更名灵应寺。塔仍为三级。

楼阁式塔

楼阁式塔的建筑形式来源于中国传统建筑中的楼阁。楼阁的建筑材料有木材或石砖，有的塔表面装饰有石刻或琉璃。

永宁寺木塔

洛阳永宁寺主题建筑物为一座九层木塔，高百丈，甚为壮观。始建于516年，534年焚毁，现仅存塔基遗址。

恒逆上，山梁作斗回。"这同时说明此云居寺塔也是可以登临的。

从南北朝到唐代，密檐式塔的发展一直都是较为缓慢的。辽代以后才有了较大的变化，并进一步向传统的木结构建筑发展。

此期也建造了一些石塔，如《魏书·释老志》谈到了皇兴（467—471）中所构三级石佛国等，"大小皆石，高十丈"。

亭阁式。这是印度窣睹波与我国传统亭阁建筑相结合的产物。亭阁在汉代已非常普遍。但汉魏南北朝的亭阁式塔实物迄今未有发现。《洛阳伽蓝记》卷四"白马寺"条说："明帝崩（公元75），起祇洹（即庙，祭祠）于陵上，自此以后，百姓冢上或作浮屠焉。"有学者认为，此冢上浮屠当即亭阁式小塔①。这种塔最初主要为笃信佛教，而又无资力修建高塔的平民所用，后又被一些高僧、和尚用作墓塔。现存最早的实物是山东历城神通寺隋代四门塔。

神通寺四门塔

神通寺四门塔是中国现存较早的石塔。

3. 石窟

石窟寺是在山崖凿洞以进行宗教活动的庙寺，其亦始创于印度。印度石窟原有两种类型：一供僧人集会礼拜用，称作支提（Caitya）或招提，窟面呈马蹄形，前面有檐廊，底部有塔，窟内还有列柱；另一种是

---

① 罗哲文：《中国古塔》，《中国古建筑学术讲座文集》，中国展望出版社1986年版。

供僧人修行、居住的，称为毗诃罗（Vihara）或僧院、伽蓝、精舍，窟呈方形，另在正面和两侧凿出若干个一丈见方的小龛室，后世我国称佛寺住持的居所为"方丈"即源于此。

我国石窟绝大多数分布在北方。最初是沿汉通西域路线分布的，后又扩展到了中原和南方；在西至新疆，东及山东，北抵辽宁，南达浙江的广大地域内，今都有石窟发现。年代较早的大约是新疆拜城东南的克孜尔石窟，其约开凿于东汉晚期[①]；但多数是十六国和北朝以后开凿的。北魏至唐，系我国石窟的鼎盛期，宋后即衰。石窟传入中国后，经短时间的消化，便走上了中国化的道路。新疆一带的石窟，大都保留了若干当地民族传统建筑的特征。如圆拱形窟门和佛龛（库车森木撒姆千佛洞），斗八式窟顶（拜城赫色尔千佛洞），穹窿形窟顶（焉耆明屋）等，这些特征至今仍在维吾尔、哈萨克、塔吉克族建筑中存留着。进入内地后，又发生了许多变化，北魏早期，如云冈的昙曜五窟（十六至二十窟），是以造像为主的草庐形，其造像是为纪念北魏五帝的（见《魏书·释老志》）；北魏中期以后，多在中心设一个方柱，窟顶雕作木构建筑式样（平棊人字坡）。中心方柱最初可能与印度支提窟塔有关，但也很可能受到了我国传统建筑墓葬的影响，汉代许多祠庙和墓葬都常在建筑物中心设置一个称为"都柱"的柱子。北魏晚期至隋，逐渐去掉了塔柱，改成了大厅堂式。到了唐代，石窟竟完全成了佛殿的厅堂[②]。总之，我国石窟多数是僧院式的，以礼佛为主，也有一部为塔院式，与支提古窟相当，以塔柱为中心；毗诃罗式石窟甚少，敦煌

---

① 中国科学院自然科学史研究所：《中国古代建筑技术史》，科学出版社1985年版，第216页。

② 罗哲文等：《石窟寺》，《中国古建筑学术讲座文集》，中国展望出版社1986年版。

第 285 窟和吐鲁番雅克崖石窟属于此类。因中国主要流行大乘派佛教，不大注重独居苦修，多在石窟前如佛寺中居住和活动。在印度，一座石窟便是一所寺院；到了中国，一座石窟通常只是一所佛寺的一个组成部分。

下面介绍几处石窟实例。

云冈石窟，位于大同西郊 16 公里的武州南麓，依山开凿，延绵约 1 公里，现存主要窟洞 53 个，大小佛像 5 万余尊。始建于北魏文成帝兴光二年（455），著名的昙曜五窟便是当年的作品。《魏书》卷一一四《释老志》："帝于京城西武州塞，凿山石壁，开窟五所，镌佛像各一，高者七十尺，次者六十尺"，其余诸窟亦多建于迁都洛阳以前。云冈石质较好，其石窟虽吸收了许多外来文化，但从建筑的整体到局部，都已表现了中国传统建筑的风格，早期石窟（如昙曜五窟）平面呈椭圆形，顶部穹隆状，前壁开门，门上有洞窗，后壁中央雕大佛像，洞顶及洞壁未作建筑处理。后期多用方形断面。有的分前后两室，或室中设塔柱，窟顶已使用覆斗或长方形、方形平棊天花，壁上刻有台基、柱枋、斗拱等的木架构佛殿或佛陀本生故事等。

敦煌石窟，位于甘肃河西走廊西端，包括莫高窟、西千佛崖、榆林窟、水峡口四处；其中又以莫高窟最负盛名。其处于敦煌城东南45公里的鸣沙山上；在南北长约1600米的崖上，洞窟上下层叠相接，密如蜂窝，现存492个，其中十六国、北朝窟计32个。据敦煌发现的《沙洲志》云，其始凿于晋穆帝永和九年（353），又据唐武则天圣历二年（698）李怀重修莫高窟碑，系前秦苻坚建元二年（366）由沙门乐傅开凿，谓之莫高窟。但这最早的莫高窟早已不复存在，今存最早者属北魏

敦煌莫高窟

莫高窟俗称千佛洞，是世界上现存规模最大、内容最丰富的佛教艺术遗迹，其中的洞窟、壁画、彩塑造都堪称瑰宝。1987年，莫高窟被列为世界文化遗产。

中期。敦煌魏窟的水平截面多呈方形，窟的中心偏后凿出方柱，上与窟顶平棊天花相连；方柱四面凿有佛龛，龛内塑像；方柱前的窟顶凿成人字形及椽子，脊的两端有拱。这种窟虽由支提窟演变而来，但其构造全是仿中国木结构的。前面提到的敦煌第285号窟（毗诃罗式）正面和左右皆为佛龛塑像，窟顶凿成了人字形，中心是藻井。敦煌石窟亦以唐代的为多，清代还开凿了4窟。

洛阳龙门石窟。位于洛阳南20里的伊阙。始建于北魏迁都洛阳之后，《魏书·释老志》说：景明初（500），"于洛南伊阙山为高祖文昭皇太后营石窟二所"，窟顶"去地一百尺，南北一百四十尺"。永平中，又为"世宗复造石窟一。凡为三所，从景明元年至正光四年六月以前，用功八十万二千三百六十六"。保存至今的龙门石窟有洞窟1352处，小龛750个，塔39座，大小佛像97306尊，其中多数属于唐代。龙门石窟

洛阳龙门石窟

龙门石窟是世界上造像最多、规模最大的石刻艺术宝库，被联合国教科文组织评为"中国石刻艺术的高峰"。龙门石窟使石窟艺术呈现出中国化特征，是中国石窟艺术的"里程碑"。

均无塔心柱和洞口柱廊，洞的水平面多为独间方形，未见前后室布置，亦无椭圆形平面。窟内均置较大的佛像。

（五）园林建筑

我国自然式风景园林约产生于先秦时期，秦汉时代便有了一定的发展，但当时的造园活动大抵是以皇家园林为主的，为的是狩猎，从事各种小型生产活动以及求仙，其次才是游览。私家园林较少，从内容到规模，皆意欲模仿皇家园林。两晋南北朝时，这情况就发生了很大的变化[①]。主要表现在：（1）私家园林在南北朝比较兴盛，造园活动逐渐普及起来，并出现了私家园林与皇家园林并行发展的局面。（2）园林造景由前代的粗犷模仿或者利用自然山水，发展到在园林中再现一个提炼了的、典型化了的自然。这两方面充分说明，我国风景式园林已发展到了一个新的阶段。产生这一变化的原因可从多方面分析，其中比较值得注意的是因社会动乱而滋长起来的及时行乐的思想和寄情于山水的倾向。十分遗憾的是，魏晋南北朝园林遗址早已湮灭无存，故只能从文献记载上进行一些讨论。

1. 北方私家园林的发展

北方私家园林约有两种类型：一是建在郊野山水风景地带的别墅园，主要以西晋石崇金谷园为代表；二是建在城市里的城市型私园，主要以北魏洛阳诸园为代表。

金谷园约在今洛阳市东北7公里的魏晋洛阳故城西面。石崇系西晋时人，元康七年（297）拜太仆，出为征虏将军。营建金谷园的目的原为去官后安享山水之乐。石崇《金谷诗》序云："有别庐在河南县界

---

① 周维权：《魏晋南北朝园林概述》，载清华大学建筑系《建筑史论文集》第6辑，清华大学出版社1984年版。

金谷涧中。去城十里。或高或下，有清泉茂林，众果竹柏药草之属；金田十顷。羊二百口，鸡猪鹅鸭之类，莫不毕备；又有水碓鱼池土窟。其为娱目欢心之物备矣。"[①] 石崇《思归引》序在描写园的情况说："其制宅也，却阻长堤，前临清渠，柏木几于万株，江水周于舍下，有观阁池沼，多养鱼鸟。家素习技，颇有秦赵之声。出则以游目弋钓为事，入则有琴书之娱。又好服食咽气，志在不朽，傲然有凌云之操。"[②] 可见这是一座设有清泉、茂林，地形略有起伏，有水碓鱼池的庄园式私家园林。这是我国古代庄园私家园林的最早记载。北魏洛阳的城市型私家园林是较多的，多分布于坊里和城郭之内。前面提到，寿仁里是王公贵族的私宅和园林集中地，《洛阳伽蓝记》卷四"法云寺"云："自退酤以西，张方沟以东，南临洛水，北达芒山，其间东西二里，南北十五里，并名为寿丘里，皇宗所居也，民间称为王子坊。当时四海晏清，八荒率职……于是帝族王侯，外戚公主，擅山海之富，居林川之饶，争修园宅，互相夸竞。崇门丰室，洞户连房，飞馆生风，重楼起雾，高台芳树（榭），家家而筑；花林曲池，园园而有。莫不桃李夏绿、竹柏冬青。"其中又以河间王琛最为豪首，"入其后园，见沟渎蹇产，石磴礁嶤，朱荷出也（池），绿萍浮水，飞梁跨阁，高树出云"。此前一般文字说到了私家园林的分布范围和产生背景。其云"家家而筑"，可知造园风气之盛。第二段引文说："石磴礁嶤"，可知当时已采用了叠石作为造景的手段。"飞梁跨阁"可能指桥上建阁，当与后世亭桥或廊桥相类。同书卷二"城东·正始寺"条还谈到了司农张伦的园林，说其"山池之美，诸王莫及。伦造景阳山，有若自然；其中重岩复岭，嵚崟相属，深蹊洞壑，逦迤连接。高林巨树，足使日月蔽亏；悬葛垂带，能令风烟

---

① 《全上古三代秦汉三国六朝文·全晋文》卷三十三。
② 《钦定古今图书集成》第二六函七九〇册，《考工典·园林部》卷一二一。

出入，崎岖石路，似塞而通。峥嵘涧道，盘纡复直，是以山情野兴之士，游以忘归"。这里最值得注意的是：景阳山是一座假山，其"重岩复岭"，"有若自然"，把天然山岳的主要特征都集中地反映出来了。时有天水人姜质曾作《亭山赋》流传于世，其中有云"下天津之高雾，纳沧海之远烟；纤列之状一如古，崩剥之势似千年。若乃绝岭悬坡，蹭蹬蹉跎，泉水纤徐如浪峭，山石高下复危多。五寻百拔，十步千过，则知巫山弗及，未审蓬莱如何"。可知此已透露了园林写意造景法的端倪。

2. 南方私家园林的发展

南朝私家园林也有两种类型：一是比较讲究华丽，偏于绮靡的园林景观，主要以达官贵人经营的城市花园为代表；二是着意突出山水林木的自然之美，格调质朴清隽的园林，主要以文人名士经营的别墅园林为代表。

都城建康集中了许多南朝贵族的园林，其穷巧极之状，奢华绮靡之风，比北朝私园是毫不逊色的。《渚宫旧事补遗》曾记述过齐湘东王于（建康）子城中造湘东苑的情况，说其"穿池构山，长数百丈。植莲浦缘岸，杂以奇木。其上有涌波阁，跨水为之。南有芙蓉堂，东有禊饮堂，……北有映月亭、修竹堂、临水斋，斋前有高山，山有石洞，潜行宛委二百余步，山上有阳云楼，楼极高峻，远近皆见。北有临风亭，明月楼"[1]。但这种贵族式园林在南朝并未引起人们的好感和追求，相反却受到了部分文人的反感和鄙夷。江南名士们追求的是朴实和天然成趣，看来这与时人崇尚老庄之说是有一定关系的。孙绰《遂初赋》云："余少慕老庄之道，仰其风流久矣。却感于陵贤妻之言，怅然悟之。乃经始

---

[1]《文渊阁四库全书》第四〇七册，第六〇六页。

东山，建五亩之宅，带长阜，倚茂林，孰与坐华幕，击钟鼓者同日而语其乐哉。"[1]可见这种私家园林的思想基础、精神气质与贵族们是不同的，其对自然之美亦具有更高的鉴赏水平。文人园林多襟山带水，充分利用并十分珍惜大自然的赐予。"朱门何足荣，未若托蓬莱""何必丝与竹，山水有清音"，可以说是这一思想的较好反映。《宋书》卷九十三《崔颙传》载："（颙）出居吴下，吴下士人共为筑室、聚石、引水、植林、开涧，少时繁密有若自然。"同书卷八十六《刘勔传》："勔经始钟岭之南以为楼息，聚石蓄水，仿佛丘中，朝士爱素者多往之。"可见文人们很少对别墅式园林的建筑物作出过分的渲染，而较注意它的清隽、典雅的风格。应当说南朝园林的主流是这种别墅式园林，它不但较为普遍，而且意境更高，致使帝王之家也不免要受到潜移默化，这也是它更胜于北方园林之处。《世说新语·言语》载："（梁）简文帝入华林园，顾谓左右曰：会心处不必在远，翳然林水（木）便自有濠濮闲想也，觉鸟兽禽鱼自来亲人。"这便是一个较好的例证。濠、濮皆水名，后句包含了《庄子》中的两个故事，后人以濠、濮指高人寄身闲居之所。

3. 皇家园林的发展

私家园林在时代思潮的影响下得到了迅速发展，但此期的皇家园林依然是因循守旧的，从形式到内容仍承袭着秦汉时期的一些传统；只是到了南北朝后期，因受私家园林的影响才发生了一些变化。

从文献记载看，此期皇家园林比较值得注意的是三个地方，即邺城、洛阳、建康，今只对北魏洛阳的一些情况作一简单介绍。

洛阳原是东汉故都，当时城内皇家园林已近 10 座；曹魏都洛时，宫苑大抵依汉旧址而加改造、扩充，其中较为重要的御苑是芳林园，

---

① 《全上古三代秦汉三国六朝文·全晋文》卷六十一。

西晋时更名华林园。《洛阳伽蓝记》卷一《城内·建春门》条曾对北魏华林园的情况作了一番描述，说"（翟）泉西有华林园，……园中有大海，即汉（魏）天渊池，池中犹有文帝九华台，高祖于台上造清凉殿；世宗在海内作蓬莱山，山上有仙人馆，上有钓台殿，并作虹蜺阁，乘虚往来。至于三月禊日，季秋九辰，皇帝驾龙舟鹢首，游于其上。海西有藏冰室，六月出冰以给百官。海西南有景山、殿山；东有羲和岭，岭上有温风室；山西有姮娥峰，峰上有露寒馆，并飞阁相通，凌山跨谷；山北有玄武池；山南有清暑殿，殿东有笪涧亭，殿西有笪危台。景阳山南有百果园，果列作林，林各有堂。据说其中还有仙人枣，长五寸，出昆仑山，又有仙人桃，亦出昆仑山"。这段文字虽然较长，却较详细、明晰，大抵反映了魏晋南北朝皇家园林的基本情况，可知其与私家园林是差别较大的：一是规模宏大，建筑物较多且较华丽；二是崇尚神仙之道；三是人工景点较多。此"温风室"也很值得注意，虽其具体装置今已难得详知，但它应是我国古代关于热风取暖的较早记载之一。关于皇家园林受私人园林影响的情况，前引《世说新语》已经提及；自此之后，也就开始了皇家园林不断向私家园林吸取新思想新风格的历史。

（一）数学

秦汉时期《九章算术》等数学专著编撰成书，这是中国古代数学体系初步形成的标志。在此基础上，魏晋南北朝时期的数学研究和数学教育又有了显著的发展。在这一时期撰写的数学书不下数十种，仅《隋书·经籍志》所记载的就有 20 余种。其中如赵爽《周髀算经注》、刘徽《九章算术注》和《海岛算经》《孙子算经》《张邱建算经》、甄鸾《五曹算经》《五经算术》和《数术记遗》等，都是重要的数学典籍，后被收录著名的《算经十书》而一直流传至今。南北朝时祖冲之所著《缀术》，是一部内容丰富的数学专著，可惜已经失传。这些数学著作充实和发展了以《九章算术》为代表的中国古代数学体系，获得了诸如勾股定理的证明和勾股算术、重差术、割圆术、圆周率近似值、球的体积公式、线性方程组解法、二次和三次方程解法、同余式和不定方程解法等方面的重要的新成果。特别应该提到的是，刘徽在魏陈留王景元四年（263）作《九章算术注》。他在注释中对于《九章算术》的大部分数学方法做出了相当严密的论证，对于许多概念给出了明确的定义或解释，从而为中国古代数学奠定了坚实的理论基础。他所提出的新思想和获得的新成果，对后世数学发展产生了积极而深远的影响。祖冲之是继刘徽之后又一位杰出的数学家。他的圆周率值，是举世公认的重大数学成就，在数学史上占有突出的地位。魏晋南北朝时期继两汉之后形成了中国古代数学发展过程中的又一个高潮。

1. 勾股算术和重差术

勾股定理是中国古代几何学中一个最基本的定理。大约成书于公元前一世纪的《周髀算经》已有勾股定理的一般形式：$a^2+b^2=c^2$（其中 a，b，c 分别表示直角三角形的两条直角边和余边）。《九章算术》则进一步给出计算勾股数的一组公式：

$$a:b:c=\frac{1}{2}(m^2-n^2):mn:\frac{1}{2}(m^2+n^2),$$

其中 $m:n=(c+a):b$，这是整数论的一项重要成果。但是，这两部书的共同欠缺是仅有公式而没有证明。据现有记载，三国时东吴数学家赵爽最早给出勾股定理的证明。赵爽，字君卿，公元 3 世纪人，生平不详。他曾为《周髀算经》撰序作注，对于书中阐述的盖天学说和四分历法作了较详尽的注释。在赵爽《周髀算经注》中有一篇著名的《勾股圆方图注》，全文 500 余字并附有 6 幅插图（原图已失传，现传本《周髀》中的插图为后人所补）。这篇注文简练地总结了东汉时期勾股算术的重要成就，不仅完整地证明了勾股定理，而且给出并证明了有关勾股定理形三边及其和、差关系的 20 多个命题。他的证明主要依据几何图形面积的换算关系，例如利用"弦图"证明了公式 $c^2=2ab+(b-a)^2$，利用面积换算证明由勾弦差（c-a）与股弦差（c-b）求勾、股、弦的公式等，从而使勾股算术成为中国古代几何学中丰富多彩的一个研究领域。魏晋之际的数学家刘徽在《九章算术注》中更明确地提出了"出入相补，各从其类"的出入相补原理。这个原理的内容是几何图形经分合移补所拼凑成的新图形，其面积或体积不变。这样，变换所得的图形可据已知条件求出其面积或体积，进而再求出原图形的面积或体积以及其他欲求的结果。刘徽根据出入相补原理再次证明了勾股定理，改造了勾股数的计算公式，并将其广泛应用于解决勾股容方、勾股容圆和立体体积等各种几何问题。例如，他用这种方法推导出直角三角形的内切圆直径 $d=\dfrac{2ab}{a+b+c}$。这种简明直观具有独特风格的几何证明方法，与古希腊欧几里得几何学思想是根本不同的，也是完全可以与之相媲美的。

　　勾股测量是勾股定理的一项重要的实际应用。《九章算术》中的例题表明，勾股测量是解决一些简单测量问题的有效手段。这种测量方法起源很早，传说在禹治水的时候就已经采用了，在《周髀算经》和张衡《灵宪》中也都有所论述。《周髀算经》里记载的陈子测日法，通过两次测量结果进行推算，发展了勾股测量方法。这实质上就是东汉时期天文学家和数学家所创立的重差术。设用两表（标杆）测量太阳高度 y 和"日下"到前表（基本上是观测者到太阳垂足）的距离 x，表高为 b，两表相距 d，前表影长 a_1，后表影长 a_2，则重差术的公式是：$y=b\dfrac{d}{a_2-a_1}+b$，$x=a_1\dfrac{d}{a_2-a_1}$。在这两个等式中，$\dfrac{d}{a_2-a_1}$ 是两个差数之比，所以叫重差术。把重差术用于测量太阳的高度和距离，当然不可能得到正确的结果。但是，如果用于测量和推算远处物体的高度、深度、宽度和距离，无疑是一种有效的方法。赵爽在《周髀算经注》的《日高图注》中，利用几何图形面积的换算关系，给出了重差术的证明。刘徽在《海岛算经》中通过九个实例，对于重差术作了系统的总结，并且提出根据三次和四次测量结果的计算公式，用以解决相当复杂的测量问题。重差术是当时世界上最先进的用于测量的数学方法。中国古代绘制地图的工作取得了卓越的成就，长沙马王堆出土的西汉初期帛画地图，其精确程度就已令人叹服，魏晋南北朝时期又有很大进步，这与测量数学有较高水平是分不开的。

2. 割圆术和圆周率

中国在西汉之前，一般采用的圆周率是"周三径一"，也就是 $\pi=3$。但是，这个数值非常粗糙，用它进行计算会造成很大的误差。随着生产和科学的发展，$\pi=3$ 就越来越不能满足精确计算的要求。因此，人们开始探索比较精确的圆周率。据公元 1 世纪初制造的新莽嘉量斛（亦称律嘉量斛、王莽铜斛，一种圆柱形标准量器）推算，它所取的圆周率是 3.1547。2 世纪初，东汉天文学家张衡在《灵宪》中取用 $\pi = \dfrac{730}{232} \approx 3.1466$，又在球体积公式中取用 $\pi = \sqrt{10} \approx 3.1622$。三国时东吴天文学家王蕃在浑仪论说中取 $\pi = \dfrac{142}{45} \approx 3.1556$。以上这些圆周率近似值，比起古率"周三径一"，精确度有所提高，其中 $\pi = \sqrt{10}$ 还是世界上最早的记载。但是这些数值大多是经验结果，还缺乏坚实的理论基础。因此，研究计算圆周率的科学方法，仍然是十分重要的工作。魏晋之际的杰出数学家刘徽，在计算圆周率方面做出了非常突出的贡献。他正确指出，"周三径一"不是圆周率值，实际上是圆内接正六边形周长和直径的比值；用古法计算圆面积的结果，不是圆面积，而是圆内接正 12 边形面积。经过深入研究，刘徽在《九章算术注》中创造了"割圆术"，为计算圆周率和圆面积，建立起相当严密的理论和完善的算法。刘徽割圆术的基本思想是用圆内接正多边形的周长和面积逼近圆周长和圆面积。逼近的最终结果，正如他所指出的："割之弥细，所失弥少。割之又割，以至于不可割，则与圆合体而无所失矣"[1]。这就是说，圆内接正多边形的边数无限增加的时候，它的周长的极限是圆周长，它的面积的极限是圆面积。圆内接正六边形每边的长等于半径。刘徽根据勾股定理由此算起，边数逐步加倍，相继算出圆内接正 12 边形，正 24 边形……一直到求出圆内接正 96 边形边长和正 192 边形的面积，从而得到 $\pi \approx \dfrac{157}{50}$ =3.14。不仅如此，他还继续求到圆内接正 3072 边形的面积，验证了前面的结果，并且得出更精确的圆周率值 $\pi = \dfrac{3927}{1250}$ =3.1416。刘徽割圆术在数学史上占有重要的地位。他所得到的结果在当时世界上也是很先进的，至今还在经常使用。刘徽的计算方法只用到圆内接正多边形面积而无须外切形面积，这比古希腊数学家阿基米德同时用圆内接和外切正多边形计算，在程序上要简便得多。他为解决圆周率问题所运用的初步的极限概念和直曲转化思想，这在 1500 年前的古代，也是非常难能可贵的。继刘徽之后，南北朝时期的杰出数学家祖冲之，把圆周率推算到了更加精确的程度，取得了极其光辉的成就。据《隋书·律历志》记载，祖冲之确定了 π 的不足近似值 3.1415926，过剩近似值 3.1415927，π 的真值在这两个近似值之间，即

　　　　3.1415926< π <3.1415927

---

　　① 《九章算术》"方田章·圆田术"刘徽注，见钱宝琮校点本《算经十书》（上册），中华书局 1963 年版。

精确到小数 7 位。这是当时世界上最先进的数学成果，直到约 1000 年后才为 15 世纪中亚数学家阿尔·卡西和 16 世纪法国数学家韦达所超过。至于他得到这两个数值的方法，史无明载，一般认为是基于刘徽割圆术。在十进小数概念未充分发展之前，中国古代数学家和天文学家往往用分数表示常量的近似值。为此，祖冲之还确定了 π 的两个分数形式的近似值：约率 $\pi = \dfrac{22}{7} \approx 3.14$，密率 $\pi = \dfrac{355}{113} \approx 3.1415929$。这两个值都是 π 的渐近分数。其中的约率 $\dfrac{22}{7}$，前人如阿基米德和何承天等都已用到过，密率 $\dfrac{355}{113}$ 则是祖冲之首创。密率 $\dfrac{355}{113}$ 是如何得到的，今人有"调日法"术，连分数法，解同余式或不定方程，割圆术等种种推测，迄今尚无定论。在欧洲，$\pi = \dfrac{355}{113}$ 是 16 世纪由德国数学家奥托和荷兰工程师安托尼兹分别得到的，并通称为"安托尼兹率"，但这已是祖冲之以后 1000 多年的事情了。圆周率在科学技术和生产实践中都有非常广泛的应用。在科学不很发达的古代，计算圆周率是一件相当复杂和困难的工作。因此，圆周率的理论和计算在一定程度上反映了一个国家的数学水平。祖冲之算得小数点后十位准确的圆周率，并且还确定了约率和密率，正是标志着我国古代高度发展的数学水平，从而引起了人们的重视。自从我国古代灿烂的科学文化逐渐得到世界公认以来，一些学者就建议把 $\pi = \dfrac{355}{113}$ 称为"祖率"，以纪念祖冲之在科学上的杰出贡献。

3. 球体积公式及其证明

各种几何体的体积计算是古代几何学中的重要内容。《九章算术》商功章已经正确地解决了棱柱、棱锥、棱台和圆柱、圆锥、圆台等各种几何体的体积计算问题。球体积的计算是相当复杂的。在《九章算术》中，球的体积公式相当于 $V = \dfrac{9}{16} d^3$（ d 为球的直径）。这是一个近似公式，误差很大，说明此前尚未找到更好的结果。东汉科学家张衡曾经研究了这个问题，他试图通过求出球与外切正方体的体积之比来解决球体积的计算问题，但没有得到正确的结果。此后，魏晋时的刘徽在处理体积问题时，实际上运用了一条重要原理：对于两个等高的立体，如果用平行于底面的平面截得的面积之比为一常数，则这两立体的体积之比也等于该常数。《九章算术》少广章提到球与其外切圆柱的体积之比为 π：4。刘徽指出这个结论是错误的，并根据他所掌握的原理说明球与外切于球的"牟合方盖"（两个底半径相同的圆柱垂直相交，其公共部分称为"牟合方盖"，好像两把扣在一起且上下对称的正方形的伞）的体积之比才是 π：4。因此，只要求出牟合方盖体积，就可以算出球体积。然而，刘徽始终未能找到求牟合方盖体积的途径，因之也未能解决球体积问题。他在《九章算术》少广章开立圆术注中说："欲陋形措意，惧失正理，敢不阙疑，以俟能言者"，实事求是的提出问题，留待后人去解决，表现了虚心的和慎重的科学态度，但他毕竟把球体积问题的研究推进了一大步。200 年后，祖冲之和他的儿子祖暅在这个问题上取得了突破。祖冲之父子通过对牟合方盖水平截面面积的分析，判定它的体积等于正方体与两个正方锥的体积之差，推算出牟合方盖的体积等于 $\dfrac{2}{3} d^3$（ d 为球的直径），从而得到正确的球体积公式 $V = \dfrac{1}{6}\pi d^3$，彻底解决了球体积的计算问题。由于当时用圆周率 $\pi = \dfrac{22}{7}$，因此他们的球体积公式为 $V = \dfrac{11}{21} d^3$。祖氏父子在推导球体积公式过程中，还明确地提出了一个重要的原理："幂势既同,则积不容异"[1]（即二立体如果在等高处截面的面积相等,则它们的体积也必定相等）。这个原理现被称为"祖暅公理"。在西方,这个原理是由17世纪意大利数学家卡瓦列里提出来的,因而被称为"卡瓦列里公理"。这个原理很重要,它是后来创立微积分学的不可缺少的一步。

4. 同余式和不定方程

在魏晋南北朝时期的数学著作中,《孙子算经》卷下的"物不知数问题"和《张邱建算经》卷下的"百鸡问题",是世界著名的数学问题。《孙子算经》三卷,作者不详,约成书于公元400年前后。《张邱建算经》三卷,作者张邱建,清河（今河北清河）人,生平不详,约成书于公元466年至485年之间。这两部著作均被列入唐代的"十部算经",立于学官,并流传至今。"物不知数问题"亦称"孙子问题",大意是：有物不知其数,三个一数余二,五个一数余三,七个一数余二,问该物总数共有多少?这个问题应该求解一次同余组：$N \equiv 2 (\bmod 3) \equiv 3 (\bmod 5) \equiv 2 (\bmod 7)$,答案是$N=70 \times 2+21 \times 3+15 \times 2-105 \times 2=23$。后来,孙子问题成为一种广泛流传的民间数学游戏,被称为"韩信点兵"等,并且还编有一首"孙子歌"："三人同行七十稀,五树梅花廿一枝,七子团圆正半月,除百零五便得知。"这首歌诀暗示出问题的解法。但这不是同余式的一般解法,《孙子算经》也未说明所谓"乘率"70、21和15的来源和算法。"孙子问题"与古代历法中所谓"上元积年"的计算是密切相关的。一部历法,需要规定一个起算时间。中国古代历算家把这个起点叫做"历元"或"上元",并且把从历元到编历元所累积的时间叫作"上元积年"。推算上元积年要满足许

① 《九章算术》"少广章·开立圆术"李淳风注,见钱宝琮校点本《算经十书》（上册）,中华书局1963年版。

多初始条件和利用庞杂的天文数据，如祖冲之《大明历》要求历元必须在甲子年十一月甲子日朔夜半冬至，又要"日月合璧""五星连珠"等，需要求解一次同余组，这是相当复杂的。"孙子问题"只不过是这类问题的简单反映。至于当时的数学家和天文学家如何解决这类问题，由于史料缺乏，已难于考证。我们仅知南宋数学家秦九韶提出"大衍求一术"，完满地解决了这类问题。他所得到的一次同余组解法公式，受到科学史家的高度评价，现被称为"中国剩余定理"或"孙子剩余定理"。

百鸡问题，是《张邱建算经》卷下的最后一题，其内容是："今有鸡翁一，直钱五；鸡母一，直钱三；鸡雏三，直钱一。凡百钱买鸡百只，问鸡翁母雏各几何？"设 x、y、z 分别为公鸡、母鸡和小鸡的只数，根据所给条件，可列出方程：

$$x+y+z=100$$

$$5x+3y+\frac{1}{3}z=100$$

这个问题有三个未知数，仅能列出两个方程，所以属于不定方程组问题。它的整数解应该是 x=4t，y=25-7t，z=75+3t，t=1、2、3。《张邱建算经》给出三组答案，这是正确的。但其说明文字只写"鸡翁每增四，鸡母每减七，鸡雏每益三"15 个字，而没有说明整个问题的解法。因此，对于中国古代如何解不定方程，至今仍众说纷纭，尚无定论。不定方程问题最早见于《九章算术》方程章的"五家共井"题，但术文简略且隐含限制条件，没有一般解法。北周甄鸾《数术记遗》也收录了百鸡问题，但其数据与《张邱建算经》有所不同。该题应有两组答案，但他仅给出一组，并说明这类问题"不同算筹，宜以心计"，即采取试算的办法来解决。南宋杨辉《续古摘奇算法》引述了《辩古根源》（已失传）的"百橘问题"，该题应有四组答案，书中仅列出一种，也是不完全的。直到 19 世纪，清代数学家才把这种类型的问题与求一术（一次同余组解法）联系起来，获得了比较完善的解法。公元 3 世纪古希腊数学家丢番图，虽在时间上晚于《九章算术》，但他对不定方程问题进行了深入研究，取得了非常出色的成果。15 世纪中亚数学家的百禽问题，与《张邱建算经》的"百鸡问题"非常类似，有可能受到中国数学的影响。

南朝刘宋时的天文学家何承天，还创造了一种所谓"调日法"的数学方法。这种方法在数学上和天文学上都有一定的重要意义。中国古代历算家一般用分数来表示各种天文数据单位以下的奇零部分。如四分历的朔望月为 $29\frac{499}{940}$ 日，三统历的朔望月为 $29\frac{43}{81}$ 日，其中分母 940 或 81 等，称为"日法"，分子 499 或 43 等则称为"朔余"。为使朔望月日数逼近比较精确的观测数据且又便于计算，就需要适当地调整"日法"和"朔余"的数字。何承天根据实测数据知道朔望月日数的奇零部分在弱率 $\frac{9}{17}$ 和强率 $\frac{26}{49}$ 之间，于是采用不断调整 m，n 值的方法，使 $\frac{9}{17} < \frac{9m+26n}{17m+49n} < \frac{26}{49}$，且使 $\frac{9m+26n}{17m+49n}$ 的数值逼近实测值。调整的结果是得到适当的分数 $\frac{399}{752}$。于是他取 752 为"日法"，399 为"朔余"。就数学方法而言，这就是已知 $\frac{b}{a} < \frac{d}{c}$，适当选取 m，n，使得 $\frac{b}{a} < \frac{mb+nd}{ma+nc} < \frac{d}{c}$，且 $\frac{mb+nd}{ma+nc}$ 满足一定的条件，其中 a，b，c，d 为正数，m，n 为整数，$\frac{b}{a}$，$\frac{d}{c}$ 为既约分数。这个问题也属于不定分析问题，在古代可能用不断试算的方法来解决。

5. 线性方程组及二次和三次方程的解法

《九章算术》方程章方程术，是关于线性方程组及其解法的重要成就。例如该章第一题求上禾、中禾、下禾的斗数，相当于求解下列三元一次联立方程组：

$$\begin{cases} 3x+2y+z=39 & （1） \\ 2x+3y+z=34 & （2） \\ x+2y+3z=26 & （3） \end{cases}$$

当时尚未有未知数的概念及其表示方法，因此，这类方程组用算筹布置成如下形式：

	左行	中行	右行
上禾	│	‖	⦀
中禾	‖	⦀	‖
下禾	⦀	│	│
实	⚊丅	☰⦀	☰⦀⦀
	（3）	（2）	（1）

其解法是用直除法消元，即用右行中的3遍乘中行各项系数，然后从所得结果各项两度减去右行相应项，所得余式相当于 5y+z=24，其中已消去 x 项。继续进行类似运算，直到每行只每剩下一个未知数，即可求得方程的解。刘徽认为"举率以相减，不害余数之课"[1]，这种解法是合理的。实际上，这也是世界上最早的关于线性方程组及其解法的记述。但是这种方法比较烦琐，于是，刘徽创立新术，采取各行系数互乘后再消元的方法，如（2）×3−（1）×2，即可得 5y+z=24，将线性方程组解法推进了一步。这种互乘相消法已与现在常用的线性方程组解法基本上一致。

---

[1] 《九章算术》方程，见钱宝琮校点本《算经十书》（上册），中华书局1963年版。

在中国古代，把开各次方和解二次以上的方程，统称为"开方"。《九章算术》中已经给出了完整的程式化的开平方法和开立方法，而正系数二次和三次方程的解法，就是在开平方和开立方法的基础上自然引申出来的。魏晋南北朝时期，解二次和三次方程问题又有了新的进展。如赵爽在《勾股圆方图注》中推导出 $-x^2+ax=A$（$a > 0$，$A > 0$）的求根公式 $x= \frac{1}{2}$（$a- \sqrt{a^2-4A}$），最早引进了负系数二次方程并给出正确的解法。《隋书·律历志》在叙述祖冲之圆周率后又说："又设开差幂，开差立，兼以正负参之，指要精密，算氏之最者也。"[①] 据考证，这可能是指开带平方和开带从立方法，即解一般形式的二次和三次方程，其中容许方程含有负系数项。在当时甚至世界上，解决这类问题都是比较困难的，所以说"指要精密，算氏之最者也"。这种程式化的机械化开方法继续发展，经隋唐到宋元时期，中国古代数学家在高次方程数值解法方面又取得了举世公认的辉煌成就。

6. 极限思想

极限概念是当代数学中一个十分重要的和基本的概念。在先秦诸子的著作中就已经有了极限思想的萌芽。如名家提出"一尺之棰，日取其半，万世不竭"（见《庄子·天下篇》），墨家提出"非半，弗斫则不动，说在端"（见《墨子·经下》）等。但先秦诸子的这类思想大多带有思辨性质，而刘徽则把极限思想和极限概念运用于解决实际的数学问题，这是极为重要的。刘徽创立割圆术，用圆内接正多边形面积逼近圆面积，用圆内接正多边形周长逼近圆周长，从而解决了推求较精确的圆周率近似值问题，这是他应用极限思想的成功事例。他对阳马术（四棱锥体积公式）的证明也是很精彩的。这个问题虽然相当困难，但刘徽运用极限

① 据钱宝琮主编《中国数学史》，科学出版社 1964 年版，第 89—90 页。

中国历代科技史·魏晋南北朝科技史

方法完满地证明了阳马（四棱锥）与鳖臑（三棱锥，亦称四面体）的体积比为 2：1，从而由渐堵（楔形）体积公式推导出正确的阳马体积公式 $v=\dfrac{1}{3}hs$，其中 h 为高，s 为底面面积。四面体体积公式是建立多面体体积理论的基础，欧洲直到 19 世纪末，才把它作为一个难题明确地提了出来，至今余韵未尽。刘徽关于"斜解一长方体，所得阳马和鳖臑的体积之比恒是二比一"的结论现在有人称为"刘徽原理"，其处理这类问题的思想和方法，或许对现代多面体体积理论的研究会有所启发。此外，刘徽处理弧田术（弓形面积公式）的作法，开方不尽时求微数的思想，以及对两立体截面积与关系的认识，也都与极限和无穷小分割的思想紧密地联系在一起。这些思想具有深刻的数学内涵，并且是解析几何和微积分等现代数学方法的基础。刘徽在那样早的时代就产生了这些思想并用于解决实际问题，确实是极不简单和难能可贵的。

7. 实用算术和其他成就

在魏晋南北朝时期的数学著作中，还讲述了一些切合当时民生日用并且解题方法浅近易晓的实用算术知识。如《孙子算经》系统记载了算筹记数制度，筹算乘除法则和度量衡的单位名称及进制，一些数表等。十进位值制算筹记数法和筹算方法是中国古代数学的重大发明，其起源很早，与其他文明古国相比可说是非常先进的。但在先秦和秦汉的典籍中对此却没有很明确的记载。《孙子算经》提到"凡算之法，先识其位。一从十横，百立千僵。千十相望，万百相当"①。《夏侯阳算经》说得更清楚，"一从十横，百立千僵。千十相望，万百相当。满六以上，五在上

① 《孙子算经》卷上，见钱宝琮校点本《算经十书》（下册），中华书局1963年版。

方。六不积算，五不单张"[1]。根据这些记述，我们才清楚地了解到，表示数目的算筹有纵横两种方式：

纵式：　｜　‖　‖｜　‖‖　‖‖｜　Ｔ　Ｔ　Ⅲ　Ⅲ

横式：　一　二　三　亖　亖　⊥　⊥　⊥　⊥

　　　　1　2　3　4　5　6　7　8　9

　　算筹记数的纵横相间制在中国行用了很长时间。《孙子算经》还记载了一些如"雉兔同笼"之类的数学趣题，至今还经常引起人们的兴趣。《张邱建算经》收录的题目要复杂一些，其中有些创设的问题和解法超出了《九章算术》的范围，在数学上是有一定贡献的。例如有关等差级数求和公式、求公差和项数公式、最小公倍数的概念和应用等等，都是有创见的，并对后世产生了一定的影响。由魏晋南北朝流传至今的数学著作中，有三部为甄鸾所撰。甄鸾字叔遵，无极（今河北无极）人，生活于西魏、北周，曾任北周司隶大夫，汉中郡守。信佛教，曾撰《笑道论》。通天文历法，撰《天和历》，于天和元年（566）颁行。又曾注释《周髀算经》等。所撰数学著作《五曹算经》，分田曹、兵曹、集曹、仓曹、金曹五卷，内容很简单，是为地方行政官员编写的应用算术书。所撰《五经算术》则是对儒家经籍及其古注中有关数字计算的解释。《数术记遗》题称汉徐兵撰，可能是甄鸾伪托之作。其中讨论了"三等数"，对于万、亿、兆、京、垓等大数名目，记载了十进，万万进和数穷则变的三种大数进法，这在此前的古代典籍中是比较系统和完整的。《数术记遗》还列举了积算、太一算、两仪算、三才算、五行算、八卦算、九宫算、运筹算、了知算、成数算、把头算、龟算、珠算、计数，共 14 种记数方法和相应的记数工具。第一种"积算"，就是当时人

_____

　　① 《夏侯阳算经》卷上，见钱宝琮校点本《算经十书》（下册），中华书局 1963 年版。

们应用的算筹记数法，最后一种"计数"是心算。算筹记数要同时用到许多算筹，布置各位数字又有纵横相间的规则，相当麻烦，虽然甄鸾提出的各种办法多不实用，但这反映了人们改革和简化计算工具的尝试。其中的珠算虽和后世的珠算不同，但也有可能对珠算术的产生起过某种启发作用。

8. 刘徽和祖冲之父子

刘徽是魏晋时数学家，是中国古代最杰出的数学家之一，生活在公元3世纪，生平无可详考。现仅知他幼年就开始学习《九章算术》，后又对这部数学名著进行了深入的研究。《宋史·礼志》有关算学祀典载，宋徽宗大观三年（1109）敕封刘徽淄乡男。当时有据可凭者，对历代算学家均按籍贯封爵。淄乡在今山东省邹平县境，是否即为刘徽

刘徽

刘徽是中国最早明确主张用逻辑推理的方式来论证数学命题的人，被称作"中国数学史上的牛顿"。

籍贯，现已难于论定。刘徽是中国传统数学的理论奠基人和代表人物。针对《九章算术》仅有术文（公式）和具体数字运算的情形，他对许多重要数学概念给出严格定义，并提出"析理以辞，解体用图"，运用棋验法或图验法，对《九章算术》中的一些重要公式做出了证明。他创立割圆术，建立计算圆周率的科学方法，得到圆周率的两个近似值：

$\pi = \dfrac{157}{50} = 3.14$ 和 $\pi = \dfrac{3927}{1250} = 3.1416$；运用极限思想证明四面体体积

公式 $v = \dfrac{1}{6} abh$；指出通过牟合方盖解决球体积计算的正确途径；提出求解线性方程组的互乘相消法；系统总结和发展了重差术；以及开方不

尽求微数，即用十进小数表示无理根近似值的思想等，都是极为杰出的数学成就。刘徽于魏陈留王景元四年（263）作《九章算术注》九卷，另撰《重差》一卷附后，两者合为十卷。唐初以后，《重差》另本单行，改称《海岛算经》，此外，他还撰有《九章重差图》一卷，但已失传。

祖冲之（429—500）是南北朝时期著名数学家、天文学家和机械发明家。字文远，范阳郡遒县（今河北涞源县）人。青年时入华林学省从事学术研究。先后在刘宋朝和南齐朝担任过南徐州（今镇江市）从事史、公府参军、娄县（今昆山东北）令、谒者仆射、长水校尉等官职。在数学方面，推算出圆周率 π 在 3.1415926 和 3.1415927 之间，并提出 π 的两个分数形式的近似值：约率 $\frac{22}{7}$ 和密率 $\frac{355}{113}$，取得了世界领先的成果。他对球体积的计算和计算公式和二次及三次方程解法也都有重要贡献。在天文学方面，创制《大明历》，最早把岁差引进历法，并采用 391 年加 144 个闰月的新闰周，突破了十九年七闰的传统方法，这都是历法史上的重大进步。《大明历》中关于日月五星运行周期的数据也比当时其他历法精确。他还发明了用圭表测量冬至前后若干天的正午太阳影长以定冬至时刻的方法，为后世长期采用。《大明历》是一部优秀的历法，但由于遭到权臣的反对，而在祖冲之生前未能颁行。祖冲之是一位博学多才的科学家和机械发明家。他曾设计制造过水碓磨、指南车、千里船、漏壶和巧妙的欹器等。此外，他也精通音律，甚至写过小说《述异记》十卷。祖冲之著述很多。《隋书·经籍志》记载有《长水校尉祖冲之集》51 卷，散见于各种史籍记载的有《缀术》《九章算术注》《大明历》《驳戴法兴奏章》《安边论》《述异记》《易老庄义》《论语孝经释》等。其中《缀术》是他的数学专著，曾被隋唐国子监用作算学课

紫金山天文台

中国科学院紫金山天文台是中国人自己建立的第一个现代天文学研究机构，被誉为"中国现代天文学的摇篮"。

本，并传入朝鲜和日本等国。但这些著作多已失传，现仅存《上大明历表》《大明历》《驳戴法兴奏章》等有限的几篇。为了纪念和表彰祖冲之在科学上的卓越贡献，人们建议把密率 $\frac{355}{113}$ 称之"祖率"，紫金山天文台已把该台发现的一颗小行星命名为"祖冲之"，莫斯科大学里刻有世界著名科学家的雕像，其中就有祖冲之，在月球背面也有了以祖冲之名字命名的环形山。

祖暅也是南北朝时期的著名数学家和天文学家。祖冲之之子，字景烁。曾任梁朝员外散骑郎、太府卿、南康太守、材官将军、奉朝请等职。祖暅从小受到良好的家庭教育，青年时代已经对天文、数学有很高造诣。传说他读书和思考问题时非常专心，甚至不闻雷声，走路撞到别人身上。在战乱频仍的年代里，祖暅的生活很不安定和不顺利，甚至坐过监狱，当过俘虏，但他始终没有放弃数学和天文学的研究。祖暅是祖冲之科学事业的继承者。在数学方面，他与父亲共同解决了球体积的计算问题。在推算球体积公式过程中提出的"幂势既同，则积不容异"原理，现在通称"祖暅公理"。数学名著《缀术》很可能是这父子两人共同劳动的成果。在天文历法方面，他三次上书梁朝政府推荐改用《大明历》。这部优秀的历法终于在梁武帝天监九年（510）被采用颁行，实现了祖冲之的未竟之愿。祖暅曾亲自监造八尺铜表，测量日影长度，并发现了北极星与北天极不动处相差一度有余，纠正了北极星就是北天极的错误观点。出于研究天文和准确计时的需要，他还研究与改进过当时通用的计时器——漏壶，并著有《漏刻经》一卷，现已失传。晚年曾参加阮孝绪编著《七录》的工作，负责天文、星占、图纬等方面的古籍。他还著有《天文录》30 卷，也已失传，仅存若干片断，散见于唐瞿昙悉达修撰的《开元占经》等书中。

（二）天文学

魏晋南北朝是天文学非常活跃的时期，在这一时期，不仅产生了一系列极为重要的新发现，如虞喜发现岁差现象，张子信发现太阳和五星视运动的不均匀性等，而且在恒星观测、历法计算和天文仪器制造等方面也取得了不少新的成就，如陈卓系统总结先秦至两汉的星官体系并绘制出全天星图，孔挺创制浑仪，钱乐之创制浑象，斛兰创用铁制浑仪，杨伟改进日食算法，赵歃创用新闰周，何承天创用定朔，祖冲之将岁差引进历法并采用相当精确的天文数据等。在中国天文学史上，这些新发现和新成就都具有十分重大的意义，为中国天文学的进一步发展打下了良好的基础。

1. 岁差的发现

冬至时刻太阳在黄道上的位置叫做冬至点。冬至点在恒星间的位置不是固定不变的，它在星空中有极缓慢的移动，每年的移动值就叫做岁差。中国古代计算太阳视位置以冬至点为始点，因此，测定冬至点在星空中的位置是一项很重要的工作。早在战国时期，中国历算家就把冬至点确定在牵牛初度。例如，当时行用的一种历法《颛顼历》立春时刻太阳位置定在营室 5 度。按古度（古 1 度相当于今 0.986 度），太阳每日移动1度，立春前45日是冬至，由此可知立春时太阳距冬至点45度。又据阜阳出土式盘可知营室与牵牛宿度相差50度，可见太阳距牵牛初度为50-5=45度，即冬至时刻在牵牛初度。这就是说，冬至点距牛宿距星的赤道宿度不到1度。公元前104年制定《太初历》时，认为元封七年十一月甲子朔旦冬至"日月在建星"。据《汉书·律历志》记载，西汉末年的刘歆已在《三统历》中提到，经过一个大的运行周期之后，日月五星"进退于牵牛之前四度五分"。这说明汉代的实测表明当时的冬至点已经不在牵牛初度，而是在牛宿以西靠近斗宿的建六星附近。但对这一观测事实，只是使刘歆感到困惑而没有应用在计算中，《三统历》中日月起算点仍采用牵牛初度。《后汉书·律历志》载，东汉天文学家贾逵首先引用《石氏星经》说明冬至点既不在牵牛初度，也不在建星，而是在斗21度，肯定了冬至点位置的变化[1]。《晋书·律历志》提到，东汉刘洪也曾明确指出"冬至日，日在斗二十一度"。编诉、李梵等编制后汉四分历，还把冬至点定在斗$21\frac{1}{4}$度。刘歆、贾逵、编诉、刘洪等发现了冬至点的改变，但他们并没有深究其中的规律，没有认识到这一变化对于历法的影响。最先提出岁差概念并开始探索岁差规律的是东晋天文学家虞喜（281—356）。

　　虞喜，字仲宁，会稽余姚（今浙江余姚）人，"博闻强识，钻坚研微，有弗及之勤"（《晋书·虞喜传》），初为本郡功曹，后终生不仕，专门从事学术研究。虞喜是一位相信天体运动遵从某种规律的天文学家，他不仅注意到冬至点的改变，而且力图找出这种变化的规律。我们知道，中国从上古时代起，天文学家就已利用昏旦中星方法，即利用夜半、黄昏或拂晓时处于正南方的恒星来推算太阳在恒星间的位置。虞喜

---

　　① 　这一数据约与公元前70年的天象相符。

考察了历史上的观测记录并发现，唐尧时代冬至日黄昏时昴星在正南方，而他那个时代（约330），却移到了壁宿。昴壁两宿之间隔有胃、娄、奎三宿，相距很远，不可能用观测误差来解释，因此，他领悟到经过一个回归年之后，太阳并未在天上走一周天而回到原处，而应该是"每岁渐差"。所以他提出了"天自为天，岁自为岁"的新观点。他推算从尧到东晋已历2700多年，从昴到壁有51度，由此得出结论，天周与岁终，岁岁微差，每50年会差一度（指我国古代$365\frac{1}{4}$度制的一度），从而最早给出了"岁差"概念和岁差值。继虞喜之后，南朝何承天对岁差进行了长时间的研究，他利用其舅父徐广约40年的观测资料及自己40年的观测资料，连同古代天象记录加以分析比较，经过计算，得出了岁差为100年差一度的结论。根据现代理论推算，在虞喜时代，赤道岁差值约78年差一度。虞喜和何承天的数值与实际值相比，误差较大，并且在当时也不可能提出严格的岁差定义和从理论上解释产生岁差的物理原因。尽管如此，岁差现象仍是这一时期最重要的天文新发现之一。它把太阳在黄道上运行一周的恒星年与反映四季变化周期的回归年（即太阳在黄道上从冬至点运行至下一个冬至点的时间间隔）这两个概念区别开来，对于历法推算和恒星位置的测定都有重大的意义。

2. 历法的进步

在中国古代，观象授时与生产活动和政治生活有着十分密切的关系，因此，编制精确的历法，受到历代统治者的重视，并且成为中国古代天文学的中心内容。三国和两晋南北朝时期，长期处于军阀混战，政权分立的状态，各地方政权也相应颁行了多种历法。例如，三国时蜀汉一直沿用后汉《四分历》，孙吴行用东汉刘洪创制的《乾象历》，曹魏于景初元年（237）颁用杨伟《景初历》。晋改《景初历》为《泰始历》继续使用。后秦用姜岌《三纪历》，北凉用赵㲈《元始历》。南朝刘宋于元嘉二十二年（445）颁用何承天《元嘉历》，南齐《建元历》实为《元嘉历》。梁天监九年（510）改用祖冲之《大明历》，陈继续使用到其灭亡。北魏自颁的历法有李业兴等编制的《正光历》，北周颁用过《天和历》和《大象历》。此外还有一些未行用的历法。

在以上提到的历法中，有些历法采用了天文学上的不少新发现和新成果。如东汉刘洪的《乾象历》，首次引进月亮运动的不均匀性并用于交食的推算。刘洪还按月亮平均速度加上修正项推算月亮的实际运动位置，提高了推算日月交食发生时刻的准确性。他所提出的近点月长度值，月亮在一近点月内的运动状况，黄白交角，黄白交角的退行现象和食限概念等，也都是很重要的。但是，《乾象历》这部优秀的历法在刘洪时代并没有被采用，而是被冷遇了40多年后才得以在东吴颁行。魏杨伟的《景初历》也论述了月亮运动的不均匀性和黄白交点的变化，还提出了计算日食食限，日食亏始方位和食分多少等方法。设置闰年是编订历书的一项重要内容。古人把19年叫做一章，这是置闰的一个基本数据。北凉天文学家赵㲈在《元始历》中第一次打破了旧的章法，改变了沿用近千年的十九年七闰的旧闰周，提出600年中有221个闰月的新闰周，使回归年和朔望月之间的关系得到更准确地调整。在这一时期的历法中，继《乾象历》之后最好的和影响最大的历法当属何承天的《元嘉历》和祖冲之的《大明历》。

何承天《元嘉历》的一大贡献是创用定朔算法。在中国古代历法中，历日安排通常为大小月相间，大月30日，小月29日，经过15~17个月再配上两个连大月。东汉以前的历家都认为月行速度是个不变的常数，因而以朔望月的平均周期来推算合朔时刻，这样算出的朔后来称为"平朔"。东汉天文学家发现月亮运动的不均匀性之后，如李梵、贾逵等都曾提出以此修正朔望时刻的方法，但都没有被接受。据现有记载，刘洪在《乾象历》中最早列出一份由任一时刻月亮平均位置推算其实际位置的修正数值表（相当于月离表），但仅用于交食问题的计算，而推朔望时刻等仍用平朔。魏晋历法也大都如此。由于日月运动的不均匀性，采用平朔法，就会发生历面日期和月相盈亏不相一致的情形。何承天明确地认识到如果日食发生的日期在晦日或初二，月食发生的日期在望的前后，都是很不合理的，因而提出了通过确定太阳和月亮的实际位置并从它们的关系推算真正的合朔时刻的方法。这样算出的朔就是"定朔"。根据定朔法，朔望与月亮实际位置相符，于是日食一定发生在朔日，月食一定发生在望日。但由于当时还不知道太阳运动的不均匀性，所以仅仅考虑月行盈缩的修正就会在历法中产生接连三个大月或接连两个小月的现象。这种现象难于为人们接受，何承天也为此而受到了钱乐之、皮延宗等的批评。最后，《元嘉历》仍采用了平朔。虽然定朔算法直到唐代才真正实行，但何承天创用定朔算法，仍可以说是中国历法史上的一大进步。

《元嘉历》的另一项贡献是利用月食测定日度。何承天曾用圭表测影考校冬至日和夏至日，发现当时历法所定已差三日有余。为纠正这种不符实际天象的情况，他倡议并采用后秦姜岌所发明的以月食考校冬至时太阳所在位置的方法。以月验日比以昏明中星推算要准确和简便得多。这种方法经过何承天的推行而为后世历家所普遍使用。

《元嘉历》还有一项重要贡献是实测晷影长度以定节气。元嘉以前，后汉四分历和杨伟景初历载有各节气晷影长度，两历相应数值完全相同。但在这两种历法中，春、秋分或立春、立冬等有对应关系的节气，其相应影长却有所不同，有时甚至相差数寸以上，这也是很不合理的。这种情况说明两历的历面所定节气要比真实节气有几天的误差。为纠正后汉四分历和景初历的错误，何承天从对应节气的影长应该大致相等的认识出发，重新实测了二十四节气晷影长度的数值，并用以推算节气。这种作法对后世诸历也产生了积极的影响。何承天还依据冬至前后日影的测算判定按景初历所定冬至已后天三日。他在《元嘉历》中作了改正。中国古代历法大多以寅月为正月，以冬至为历元。何承天认为，既然以寅月为岁首，那就应该以寅月的中气——雨水为气首，元嘉历的历元就定在正月朔且夜半雨水的时刻。岁首与历元在同日，当然是比较方便的。中国古代历法大多还要推算上元积年，但考虑的因素越多，推算就越复杂。何承天为改变这种情况，采取了对五星运动根据实测数值各设近距历元的方法。使用近距历元，保持了各基本天文数据原有的实测精度，简化了计算，并且可以避免为推算上元时对天文数据做出人为的修改。这种方法是很先进的，但可惜的是长期未被后世历家所采纳。此外，何承天实测中星以定岁差，给出新的观测值，创用调日法的数学方法等，也都是值得称道的成就。

祖冲之的《大明历》是继《元嘉历》之后的又一部优秀历法。《大明历》的主要成就是：肯定"冬至所在，岁岁微差"，首先把岁差的存在应用到编制历法中去，这对提高历法推算的精度有重要作用，并为后世历家所遵循。据《隋书·律历志》记载，祖冲之经实测定出当时冬至点已移到斗15度，经与后秦姜岌的观测值比较，发现不到百年冬至点已移动了2度，因而定岁差为45年11月差1度，并用于历法计算。他还认为十九年七闰不够精密，应该采用新闰周。他提出的新闰周是391年144闰，根据这一闰周推算出的交点月长度为27.21223日，与今测值27.21222日仅差十万分之一日。《大明历》引进岁差和采用新闰周，是中国历法史上的重大进步，对后世产生了深远的影响。祖冲之还改进了前代关于木星公转周期的数值，得出木星（当时叫岁星）每84年超辰一次的结论，这相当于求出木星公转周期为 11.858 年。他所采用的其他天文学数据也都是相当精确的，如推算出的近点月为 27.554688 日，与今测值相差不到十万分之十四日；回归年长度为 365.2428 日，与今测值只差万分之六日；五大行星会合周期的数值，其中误差最大的火星也没有超过百分之一日，误差最小的水星已经接近于与真值相合。祖冲之于大明六年（462）上书刘宋政府请求颁行新历，但因遭到宠臣戴法兴等的反对而未被采用。他逝世后，他的儿子祖暅又于天监三年、天监八年和九年三次上书，请求梁朝政府颁行。经实测检验新历为密，这部最好的历法终于在天监九年（510）正式颁用，实现了祖冲之的遗愿。

3. 太阳和五星视运动不均匀性的发现

太阳视运动不均匀性的发现是继岁差之后这一历史时期又一最重要的天文发现。这一发现是公元 6 世纪北齐民间天文学家张子信做出的。张子信在一个海岛上，利用浑仪对于日月五星的运行坚持进行了长达三十余年的观测。在取得大量第一手观测资料的基础上，并结合前人的观测结果分析研究，他得到了"日月交道，有表里迟速"，"日行在春分后则迟，秋分后则速"（《隋书·天文志中》）的重要结论。这就是说，太阳在黄道上运行，并非像以前历家所普遍认为的那样，其相同时间走过的路程是相同的，而是有快有慢，在春分之后速度减缓，秋分之后速度加快。这是我国古代关于太阳视运动不均匀性的最早描述。不仅如此，他还对太阳在一个回归年内视运动的迟疾状况作了定量分析，给出了二十四节气时太阳实际运动速度与平均运动速度的差值，即所谓日行"入气差"，这实际上是我国古代最早的一份有关太阳视运动不均匀性的修正数值表（日躔表）。经过长期的观测和对观测资料的认真分析，张子信指出"五星见状，有感召向背"，其迟速"与常数并差，少者差至五度，多者差至三十许度"（同上）。这是我国古代关于五星视运动不均匀性的最早描述。张子信不仅发现五星位置的实际观测结果与按传统方法预推的位置之间经常存在偏差，描述了五星运动视运动的不均匀性现象，而且发现这种偏差量的大小、正负与五星晨见东方所值节气有着密切的关系。欲求五星晨见东方的真实时间，需要在传统算法所得结果的基础上，再加上或减去相应的偏差量，这就是后世所称计算五星位置的"入气加减"法。此外，他还用金、木、水、火、土五大行星与四方列宿之间存在好恶不同的关系，说明其对五星运行迟速的影响，试图对五星运动不均匀性作出理论上的解释。张子信另一重要发现是月亮视差对日食的影响，并提出了计算月亮视差对日食食分影响的方法。虽然张子信对日行迟速修正值的测定不尽准确，对五星运动不均匀性的描述还很幼稚，但他却开辟了对太阳和五星视运动进行深入研究的新方向，对后世历法改革产生了深远的影响。他的三大发现在历法史上都有重大意义，并很快被具体应用到张胄玄历、刘孝孙历、皇极历和大业历等历法中去。

4. 星官体系与全天星图

研究日月五星运动规律需要建立参考体系，制作浑象需要将星象缀刻在仪器上，因此天体运动的研究和天文仪器的研制，要求加强恒星观测工作并提供一种含星较多的星官体系。为认识和记录天空中星官位置，而将观测到的恒星及其位置绘制成图，就是星图。星图是天文学家记录恒星和查找恒星的重要工具。早在先秦典籍和甲骨卜辞中就已有不少星官名称。湖北随县曾侯乙墓中出土的张子信案，表明公元前433年以前就已形成了北斗二十八宿这一星官体系。汉武帝时，司马迁《史记·天官书》综合以前各星占学派使用的星官，建立起一个有五宫二十八宿共计558颗星的星官体系。这是中国古代第一个完整的星官体系。这一体系中的星官与西方天文学中的星座大同而小异。星座是指许多恒星组成的视觉图案，星官则为两个以上恒星所组成的组合，也有单个的恒星，所以星官一般比星座小。在此之后，史籍中还有一些关于天文图籍和星官的零星记载，但总的说来，汉代以前对全天恒星系统的认识仅限于二十八宿及其外的某些星组。此外，社会上使用星官最多的是天文星占家。但长时间形成的不同星占学派，由于对星空的认识和占卜方法的不同，因而都有各自常用的星官体系。其中最著名的是甘德、石申和巫咸三大家，于是也就有甘、石、巫咸三派星官体系。《史记·天官书》不区分三家星，因而在实用中不完全适合不同流派星占家的需要。在魏晋南北朝时期，根据社会需要和在前人成就的基础上，对全天星名、星数进行一次总结，建立一种既能区分三家星又是统一体的新星官体系，已是必要的和条件成熟的工作。这项工作由三朝太史令陈卓完成了。

陈卓大约生活在公元 3 世纪下半叶至 4 世纪初，年轻时任吴国太史令，曾作《浑天论》，其观点与吴国天文学家王蕃大致相同。晋灭吴后，他由吴都建邺（今南京）到洛阳，任晋太史令，后因年迈离职。公元 316 年西晋亡，陈卓重返江东，次年在东晋都城建康（今南京）复为太史令。据《晋书·天文志》载，晋武帝时，"太史令陈卓总甘、石、巫咸三家所著星图，大凡二百八十三官，一千四百六十四星，以为定纪"。陈卓把当时主要的三家星汇集在一起，并同存异，以二十八宿为基础，编成 283 官、1464 颗星的星表，并绘制出总括三家星官的全天星图，还撰写了占和赞两部分文字。陈卓的成果对后世有很大影响，他所总结的全天星官名数一直是后世制作星图、浑象的标准，在我国历史上沿用了 1000 多年。传留至今的一些星图和星表，如著名的敦煌星图、苏州石刻天文图，常熟石刻天文图等，其所收星官数都未超过陈卓星图。直到明末西方星图和星表知识传入后，这种情况才有所突破。另据记载，刘宋元嘉年间太史令钱乐之两次铸造浑象，将全天恒星标在浑象上。他所用的就是陈卓所定 283 官、1464 星，并相应地用朱、白、黑和黄、白、黑三种不同的颜色来区分三家星。隋代庾季才等还以这种浑象为基础，参照各家星图，绘为盖图。陈卓也是一位大星占家，不仅为星图加注占赞词语，而且撰有《天文集占》10 卷、《天官星占》10 卷、《万氏星经》7 卷、《五星占》1 卷等星占著作。陈卓的星表、星图和著作均已失传。但仍有不少材料为他人所引用，从而可据以研究陈卓的工作。如《开元占经》中收有许多陈卓占语，在敦煌写本中还发现一首反映他的星官体系的《玄象诗》。写有《玄象诗》的敦煌卷子现存法国国家图书馆，其中一份抄于唐武德四年（621），另一份卷末题有"太史令陈卓撰"。这首诗分别按石氏、甘氏和巫咸氏三段吟诵三家星，最后一段专写紫微垣。《玄象诗》是研究魏晋时期星官体系的重要资料。唐代学者王希明《丹元子步天歌》也介绍了陈卓所总结的星官体系，并创造性地把星空分作 31 个大区，即后世流传的三垣二十八宿分区法。这一分区法一直到近代都是我国天文学家观测星象的基础。

5. 天文仪器的研制和革新

天文仪器是准确地观测天象和进行天文学研究的基本手段。因此，改进和创制仪器，使其更加精良和简便有效，一直是天文学家所关心的大事。魏晋南北朝时期，在天文仪器的研制和革新方面也取得了一系列的重要成就。

三国时的吴国天文学家似乎对研制浑象很有兴趣。浑象类似于现代的天球仪，是一种演示天体运动的仪器，可以用来了解恒星在星空中的位置，亦可以演示日月星辰出没运行的情况。王蕃曾依据张衡旧制制成一台小型浑象。葛衡也制造一台浑象，其特点为"使地居于中，以机动之，天转而地止，以上应晷度"（《隋书·天文志上》），即地在天内，类似于天象仪，表演起来更加生动形象。天文学家陆绩还制造了一台卵形浑象。

西晋末年，中原匈奴族政权前赵制成一台观测用的浑仪。这台浑仪是由史官丞南阳孔挺设计制作，成于刘曜光初六年（323）。这台仪器是很重要的，因为在此之前所使用过的浑仪，史籍上的记载仅有只言片语，而孔挺浑仪则是第一台留下详细资料的机器。据《隋书·天文志》所载，孔挺浑仪系铜制，由内外两重组成。外重由三个相交的大圆环构成浑仪的骨架，并由四柱支撑外重骨架。内重是用轴固定在骨架上的可转动的双环，双环直径8尺。双环之间夹置一具可以俯仰的望筒，也长8尺。由于内重的转动轴一为天北极，另一为天南极，所以这架仪器可以方便地测量天体的赤道坐标。孔挺之前与之时间较近的同类仪器是东汉永元十五年（103）贾逵所制黄道铜仪。由于该仪加有黄道，所以必为三重结构，比较繁杂，且不易使用。孔挺可能注意到这个问题，于是将自己的仪器改为两重结构，去掉了黄道环。

东晋义熙十四年（418），宋高祖刘裕于咸阳之战后，得到孔挺所制浑仪，并在称帝后，将其运至首都建康（今南京）。刘宋元嘉年间，颇好历数的宋太祖刘义隆认为这台浑仪虽然很好，但在仪器上看不到日月五星和恒星星象，是个缺欠，因而诏令太史令钱乐之制作新仪。钱乐之于元嘉十三年（436）铸成有别于浑仪的浑象。他的新浑象继承和发展了东吴的浑象制作技术，特别是受到葛衡仪器的影响，其结构与张衡、王蕃的仪器有所不同。新浑象将地平置于球内，地平面将大圆球一分为二，半覆地上，半没地下。在球上缀以星象，在黄道上布以日月五星，以水力推动，昏旦中星与天相应。为了与地平放在球外的浑象加以区别，按宋代苏颂等人的说法可称之为"浑天象"。元嘉十六年（440），钱乐之又制成一台小型的浑天象，直径只有二尺二寸，便于搬动，使用起来更加方便。浑天象与浑象功能相同，本质上是一回事，所以两者时常混称，但由于结构有所变化，制作浑天象的工艺水平要更高一些。浑天象在当时为宣传浑天论的观点发挥了很好的作用，因为天包着地，所以它比浑象更形象地演示出浑天说的精髓，更符合浑天说者的论述。浑天象实际上并不是单纯的演示仪器，它也是研究日月五星运动规律的有力工具。根据实际观测得到的日月五星相对于周围恒星的位置，将日月五星较准确地分别安置在黄道的不同部位，然后通过不断观察，就可以了解它们相对于恒星背景的运动规律，从而测算出行星的会合周期等。钱乐之的仪器还有一个十分突出的特点，据《宋书·天文志》说，这台小型浑象"安二十八宿中外官，以白黑珠及黄三色为三家星"，而大型浑象，则用朱、白、黑三种颜色分别表示甘、石、巫咸三家星。显然，他将陈卓的星官体系固化到了仪器上。尽管后来陈卓的图录已经佚失，但钱乐之的仪器却历经宋、齐、梁、陈、隋五个朝代，妥存于隋东都洛阳观象殿，为陈卓星官体系的保存和传播，起了重要的作用。刘宋以后的梁代也制作过浑象。《隋书·天文志》载，"梁秘府有以木为之，其圆如丸，其大数围。南北两头有轴，遍体布二十八宿、三家星、黄赤二道及天汉等。别为横规环，以匡其外"。这是一台大型浑象。在大木球外框以地平圆环，可见它与钱乐之的浑天象地平在内的结构不同。其中的变化也在一定程度上反映了人们对天文知识的进步。

在南朝热衷于制造各种浑象的时候，与南朝对峙的北魏却对制造浑仪极为热心。浑仪是天文学家用来实际观测天体坐标的仪器。北魏天兴初年（398），太祖拓跋珪命太史令晁崇制作浑仪。仪器完成后晁崇升迁为中书侍郎令，可惜后来又为拓跋珪所杀害。永兴四年（412）明元帝拓跋嗣又诏造太史候部铁仪，由鲜卑族天文学家都匠斛兰制成铁浑仪。

这台浑仪是我国历史上唯一的一台铁制浑仪，因此很是著名。《隋书·天文志》说它分内外两重，"用合八尺之管，以窥星度"。永兴铁浑仪的基本结构与前赵孔挺浑仪大致相同，但又有新创造。如在底座上铸有十字形水槽，以便注水校准水平，这是在仪器设备上利用水准器的开端。北魏铁制浑仪是一台质量很高的仪器。北魏灭亡后，历经北齐、北周、隋、唐等几个朝代，直到唐睿宗景云二年（711），天文学家瞿昙悉达还奉敕修葺此仪。这台铁制浑仪一直使用了200多年。

除浑仪和浑象的研究和改进外，公元5世纪北魏道士李兰发明了一种"秤漏"，在改革计时装置方面做出了新的贡献。秤漏的原理是用渴乌（虹吸管）将漏壶中的水引入仪器，然后称量水的重量以确定时间，其标准是"漏水一升，秤重一斤，时经一刻"。秤漏简易、灵敏，可测量很短的时间间隔，并且可随时开始和结束，以测量任意的时间区间，因此在隋唐时曾风行一时。北齐天文学家和数学家信都芳曾对历史上著名的科学仪器如浑天仪、地动仪、铜乌、漏刻等画出构造图，并加以说明，撰《器准图》三卷，这是中国最早的一部科学仪器专著，应该是很有价值的，但可惜早已失传。

6. 宇宙论

有关宇宙结构的讨论在魏晋南北朝时期也是相当活跃的。汉代之前深入论及宇宙论的基本上有三家，就是盖天说、浑天说和宣夜说。这一时期，围绕着浑、盖和宣夜的激烈争论，还出现了安天论、穹天论、昕天论以及浑盖合一的理论。《穹天论》基本上沿袭盖天说的观点，《昕天论》以天人类比，牵强附会，这两种理论在历史上都影响不大。其中值得一提的是"安天论"，它的作者就是发现岁差的东晋天文学家虞喜。

自汉代以来宣夜说不断得到发展。宣夜说认为日月星辰都是飘浮在虚空之中并且依靠"气"在运动着。随着这种观点的传播，引起了社会上一些人的担心和恐慌，最典型的就是杞人忧天的故事。东晋张湛注《列子·天瑞篇》说是有一位杞国人，害怕天地崩坠，日月星辰会掉下来，于是寝食不安，惶惶不可终日。有人对他解释说，天和日月星辰都是积气所至，不会掉下来，即使掉下来也不会造成什么伤害。而地是固体的硬块，也不会毁坏。《列子·天瑞篇》还引述了当时的一种看法："忧其坏者，诚为太远；言其不坏者，亦为未是"，既批判了杞人的忧天，又肯定了天体和大地的物质性。天和地也都遵从物质世界的客观规律，既有生成之日，又有毁坏之时，不过它们所要经历的时间过程太长，大可不必为此而担忧。虞喜针对这类有关天塌地陷的说法，相应地提出了"安无论"。他认为，"天高穷于无穷，地深测于不测"，天在上有安定的形态，地在下有静止的实体，天地彼此覆盖，形象相似，方则俱方，圆则俱圆；日月星辰各自运行，有它们自己的规律，就像江海有潮汐、万物有行止一样（见《晋书·天文志》），从而批驳了天圆地方的观点，阐述了宇宙无限的思想和关于天地万物各有其自身运动规律的认识，告诉人们，担忧天地崩坠是毫无必要的。虞喜的"安天论"，是对"宣夜说"的进一步丰富和发展。

除了上述看法，还有一派可称作"浑盖合一"派。北齐的信都芳和南朝萧梁的崔灵恩都属这一派。他们认为浑天和盖天是一致的，只是一个仰观，一个俯视，观测角度不同而已。浑天说和盖天说是人们对宇宙结构的不同阶段或不同角度的认识，各有其优点和局限性。因此，各种学说可以取长补短，互相补正，以取得对自然现象的深入认识。但如果采取掩盖或调和矛盾的作法，甚至迁就错误观点，将两种对立的看法勉强地合而为一，则是不正确的。自西汉以来天文学理论方面的浑盖之争，到魏晋南北朝时期已略见分晓。尽管南朝梁武帝曾大力宣传盖天说，但从陆绩、王蕃到葛洪、何承天、祖冲之父子等著名科学家都主张浑天说，表明了浑天说已逐渐取得了优势地位。

7. 何承天和张子信

何承天（370—447）是东晋和南朝刘宋时期的著名学者和天文学家。东海郯（今山东郯城）人。5 岁丧父，母亲徐氏为东晋秘书监徐广之姊，聪明博学，教子有方，使何承天从小受到良好的教育，经史百家无不通晓。何承天在东晋时期，曾任南蛮校尉的参军、长沙公辅国府参军、浏阳令、宛陵令、钱唐令等。刘宋时期又担任衡阳内史、尚书祠部郎、南台治书侍御史、著作佐郎、太子率更令国子博士、御史中丞等官职。何承天自幼喜好历算，热心钻研，直至老年而不倦。他继承舅父徐广所积累的约 40 年的天文观测资料和研究成果，又亲身继续做了 40 年的观测和研究工作，从而取得了许多重要的新成果，并于元嘉二十年（443）编制成一部著名的历法《元嘉历》。这部历法被杰出的元代科学家郭守敬列为历代最有创造性的十三家历法之一。何承天在天文学方面的主要贡献有：因月行有盈缩，创用定朔算法，以推算真正的朔日；利用月食测定太阳所在位置，这种方法简便、准确并易于观测，优于以前的中星法；实测晷影长度以定节气，纠正了后汉四分历和当时行用的《景初历》的错误；实测中星以定岁差，给出新的岁差值；古代历法多以寅月（11 月）为岁首，为更方便和协调，改以雨水为气首，此外还对五星运动采用与实测天文数据有关的近距历元，简化了上元积年的计算；创立调日法的数学方法。由于根据长期观测的记录进行推算，所以他所使用的一些天文数据也都比较精确。何承天的成就多已体现在他的《元嘉历》中，且为后世历家所遵从，对中国历法的改革和进步起了重要的作用。元嘉二十年，何承天上书刘宋政府，请求采用他所制定的历法以代替当时行用的杨伟《景初历》。经过太史令钱乐之等检验之后，证实新历比旧历精密，因而于元嘉二十二年（445）开始颁行。《元嘉历》

先后行用 65 年，至梁天监八年（509）才改用祖冲之《大明历》。除天文历法工作外，何承天曾受命修撰国史、整理《礼论》、撰《安边论》等。后人已搜集其遗作汇编成《何衡阳集》行世。

张子信是北魏和北齐时杰出的民间天文学家，清河（今河北清河）人，主要活动于公元 6 世纪 20 至 60 年代，生平不详，《隋书·天文志中》说他"学艺博通，尤精历数"。公元 526—528 年，在华北一带爆发了以鲜于修礼和葛荣为首的农民起义。为躲避战乱，张子信到一处海岛隐居起来。在海岛上，他利用浑仪专心致志地观测并推算日月五星运动变化的规律，孜孜不倦地工作了 30 余年。在取得大量第一手观测资料和进行综合分析的基础上，张子信做出了天文学上的三项重大发现。首先是他发现了太阳视运动的不均匀性并提出了推算太阳真实位置的计算方法。汉代天文学家已发现月亮运动的不均匀性，有些历法家还将其引入历法的计算。由于月亮移动快，又有背景恒星作参照，相对来说这项研究比较容易。而太阳一天只移动大约一度，又无可以直接参照的恒星背景，观测远为困难，并且太阳每日行度的较小变化又往往被赤道与黄道坐标之间的变换关系所掩盖，所以张子信的研究工作，其难度要大得多。月亮视运动不均匀性的发现导致定朔法的提出，太阳运动不均匀性的发现导致定气法的提出，这对历法改革特别是对日月合朔的计算和日月交食的预报是十分重要的。此外，张子信还发现了五星运动的不均匀性以及月亮视差对日食的影响，即所谓"五星见伏，有感召向背"，其迟速"与常数并差"，"合朔，月在日道里则日食，若在日道外，虽交不亏。月望，值交则亏，不问表里"（《隋书·天文志中》）。对于这些，他还提出了相应的计算方法。张子信的成果经由他的学生张孟宾和《张孟宾历》等广为传播，很快被具体应用到张胄玄、刘孝孙、刘焯等所制定的历法中去。据史籍记载，按这些历法推算的有关结果，与实际天象完全相符。张子信的三大发现及其具体的和定量的计算方法，把我国古代对于交食及太阳和五星运动的认识推进到一个新阶段，甚至可以说是导致了后来隋唐历法的质的飞跃。

（三）物理学

与天文、数学不同，我国古代的物理学并未形成自己独立的体系，丰富的物理学知识，长时期都是隐藏在农业技术、手工业技术和日常生活中的。只要我们用现代物理学的观点和方法进行一些整理，便可发现其内容十分丰富，而且许多成就也十分杰出。魏晋南北朝时，力学、声学、热学、光学和电磁学等方面都有一定进展，其中在声学上，甚至做出了重大的贡献。

1.力学知识

力学是物理学中产生、发展较早的一个重要部分，早在石器时代和铜石并用时代，人们就制作出了许多简单生产工具和生活用具，力学知识亦随之产生。石刀、石斧、石镞、骨针等锋刃器，以及各种加柄工具的出现，说明人们已分别对尖劈和力矩已有了一定的认识；弓、弩以及小口尖底瓶的出现，说明人们已分别对弹力和平衡力也有了一定的认识①。魏晋南北朝时，人们已制作出了许多较为复杂的机械，力学知识更加丰富，水磨、水碾、车帆的发明，把切线运动的水力、风力转变成了机械力；磨车的发明，把直线运动的畜力转变成了旋转运动的机械力；绞车的使用说明人们对力矩、力臂的关系有了进一步认识；飞车的发明，是人们对螺旋桨原理的最早利用；水排、齿轮系的推广，以及各种游艺性机械的出现，充分反映了人们在能量转换和力传递方面的各种巧

---

① 何堂坤：《机械和物理知识的萌芽》，《中华文明史》，河北教育出版社1989年版，第171—179页。

妙构思。这些成就在本书"机械"部分已经谈到，不再赘言，下面主要介绍一下人们对比重、浮力、气压、相对运动和平衡力的认识。

我国古代对比重的认识约可上推到先秦时期，《汉书·食货志下》说：西周初年，为了货币管理上的需要，已测得了"黄金方寸而重一斤"。假若这段文字可信的话，这便是我国古代对比重最早的认识[1]。魏晋南北朝时，有关知识更加丰富起来。

首先是对酒、水以及不同浓度的盐水的比重都有了一定认识。《晋书》卷七八《孔严传》载，孔严（？—370）的祖父孔奕十分聪明。有人曾提了两罂酒送他，才始入门，孔奕还在很远的地方就辨认出其中一罂不是酒，经检视，果然是水。有人问他何以知之，孔奕笑曰："酒轻水重，提酒者手有轻重之异，故耳。"这是我国古代区别酒、水比重的最早记载。我国古代对海盐、井盐的开采都可上推到先秦时期，所以盐水的比重也很早就引起了人们的注意。《齐民要术·养鹅鸭》篇说：水"咸彻则卵浮"。即以盐水腌蛋时，若"水"不太咸，蛋便会沉下，咸透了则会漂浮上来。这里虽未明确说到浓度大的盐水比重大，但其意却是十分明显的。

其次是浮力选种已用到了农业生产中，《齐民要术》一书最先以文字的形式把它记载了下来，这显然是人们对比重法则的有效利用。有关情况详见本书"农业技术"部分。我国古代浮选法约发明于先秦时期，湖北大冶铜绿山春秋采矿巷道内曾出土过一只船形木斗，一般认为，它是用作选择优良矿用的[2]，但其不曾见于记载。

---

[1] 从现有的考古资料看，直到春秋中期为止，我国的黄金使用量还是很少的，黄金货币大约是到了战国时期才在南方的楚国开始盛行。《汉书》的作者想必有所依凭，待考。

[2] 铜绿山考古队：《湖北铜绿山春秋战国古矿井遗址发掘简报》，《文物》1975年第2期。

第三，尤其值得注意的是大数学家祖冲之的儿子祖暅曾著有《称物重率术》，此"重率"当即比重。明代数学家程大位在所著《算法统宗》中又谓之"轻重率"，其意是相同的；《称物重率术》虽已失传，但它应是我国古代最早研究比重的专著，这充分说明了南北朝时人们对比重已相当重视，并有了较深的认识。

人类对浮力的认识和利用约可上推到石器时代，最早大约是在水上漂放木材，以及用木筏或独木舟运送有关物品。在相当长的一个历史时期内，人们认为物体能浮于水上的原因主要是存在一种"自然之势"，或者有"势"；晋杨泉《物理论》云："鸿毛一羽，在水而没者，无势也；黄金万钧，在舟而浮者托舟之势"。这里虽未涉及排水量，与现代认识有一定差距，但它强调了浮力是一种自然之"势"，在当时还是比较进步的。此期在浮力利用方面最值得注意的事项是使用了水浮法称重。《三国志》卷二十《邓哀王冲传》载，邓哀王曹冲，"少聪察岐嶷，生五、六岁，智意所及，有若成人之智。时孙权曾致巨象，太祖欲知其斤重，访之群下，咸莫能出其理。冲曰：置象大船之上，而刻其水所至，称物以载之，则校可知矣。太祖大悦，即施行焉"。这个故事流传甚广。有人认为它原出自佛教经典，是《三国志》作者陈寿移植到曹冲身上的[1]，此说似依据不足。载有称象故事的《杂宝藏经》系北魏（386—534）时期译出，上距陈寿（？—297）甚远；且陈寿之前，魏、吴两国皆已有官修专史。陈寿治学态度比较严谨，所云当有依凭[2]。

我国古代对大气压力的利用和认识至迟始于汉，《后汉书·张让传》谈到过一种名为"渴乌"的引水设施，由章怀太子"注"和杜佑《通典》卷一五七"渴乌隔山取水"来看，应是一种利用虹吸原理来取水的

① 《陈寅恪文集之一·寒山堂集》，上海古籍出版社 1980 年版，第 157—161 页。
② 戴念祖：《中国力学史》，河北教育出版社 1988 年版，第 290—292 页。

机构，魏晋南北朝时期，这认识又有了进一步发展。魏晋之际的虞耸在《穹天论》中讨论宇宙结构时，说天犹如一个倒扣在水面上、用来盛放梳妆用品的木奁，其所以不会下沉，乃因其中充满了"气"。其原文是："譬如覆奁以抑水而不没者，气充其中故也。"[1]这就十分明确地肯定了大气压力、托力的存在。有关记载唐宋之后亦可看到。

运动的相对性是人们很早就注意到了的自然现象，《吕氏春秋》卷十五所载刻舟求剑的故事，便是这认识的一个生动写照。魏晋南北朝时，人们比较关心的话题主要是如下三个方面：

吕不韦

吕不韦是秦国的丞相，战国末年著名的商人、政治家、思想家。他所主持编纂的《吕氏春秋》对秦王嬴政兼并六国的事业有重大贡献。

一是关于船、岸、水孰动之事。晋代天文学家束皙（261—303）云："乘船以涉水，水去而船不徙矣。"（《隋书·天文志》引）。显然，这是以船在河中的横渡轨迹为参照物的，说河水纵向流逝，船在纵向上"并未"发生位移。南朝梁元帝（552—555年在位）《早发龙巢》诗云"不疑行舫动，唯看远树来。"[2]这是以船舫为参照物的。

二是关于云、日、月孰动之事。束皙又云："故仰游云以观，日月常动而云不移"；（《隋书·天文志引》）。葛洪（283—363）《抱朴子·内

① 《全上古三代秦汉三国六朝文》第二册，《全晋文》卷八十二。
② 《全汉三国晋南北朝诗》卷下，"全梁诗"下第九五七页，中华书局1959年版。

篇·塞难》云:"见游云西行,而谓日之东驰。"两段引文的意思大体一致,实际上是指云彩移动,感觉中却是日、月在动。

三是关于相对运动速度的问题。《晋书》卷十一《天文志》载,《周髀》家云:"天圆如张盖,地方如棋局,天旁转如推磨而左行,日月右行,随天左转,故日月实东行,而天牵之以西没,譬之蚁行磨石之上,磨左旋而蚁右去,磨疾而蚁迟,故不得不随磨以左回焉。"(《隋书·天文志》引),这种譬喻是否恰当暂且不论,但其关于相对速度的论述却相当精辟。

欹器是通过重心的自动调节来实现平衡的容器,它的基本特征是"虚则欹,中则正,满则覆"(《荀子·宥坐》。此非原文)。此"欹"原是倾斜意。全文是说:容器空虚了则会倾斜,盛水量适中便能正位,盛水满了则会倒覆。其原旨在告诫人们求上进,不自满,为人中正。类似的器物见于仰韶文化时期,但当时是否带有告诫性质今已难考,具有告诫意义的欹器至迟见于春秋时期。之后,对其具体形态常有改进和创新。魏晋南北朝时,杜预(222—284),祖冲之(429—500),西魏文帝元宝炬(535—551年在位)等,都曾制作。

《晋书》卷三十四《杜预传》:"周庙欹器,至汉东京犹在御坐,汉末丧乱不复存,形制遂绝。预创意造成,奏上之,帝甚嘉叹焉。"

《南史》卷七二《祖冲之传》:"永明(483—493)中,竟陵王子良好古,冲之造欹器献之,与周庙不异。"

《周书》卷三十八《薛憕传》:"大统四年(538),宣光、清徽殿初成,憕为之颂。魏文帝又造二欹器:一为二仙人共持一钵,同处一盘,钵盖有山,山有番气;一仙人又持金瓶以临器上;以水灌山,则出于瓶而注乎器,烟气通发山中,谓之仙人欹器。一为二荷,同处一盘,相去盈尺,中有莲,下垂器上,以水注荷,则出于莲而盈乎器,为鸟雁、蟾蜯以饰之，谓之水芝欹器。二盘各处一床，钵圆而床方，中有三人，言三才之象也。皆置清辉殿前。器形似觚而方，满则平，溢则倾。橙各为作颂。"

由这三段文献来看：

（1）杜预、祖冲之、西魏文帝都曾制作过欹器是可以肯定的。但《南史·祖冲之传》说杜预。

（2）"造欹器，三改不成"，不知有何依凭。

这些欹器的形制，看来都是各自创意的。西魏文帝所作之器记述较详，大体似觚而方，杜预、祖冲之所作之器的具体形态难以了解。《南史·祖冲之传》说冲之所造与"周庙不异"，恐言过其实，因周庙欹器在汉末已不复存。

（3）《周书》说西魏文帝之欹器"满则平，溢则倾"，与周代欹器的基本特征"虚则欹，中则正，满则覆"，是不相符的。有学者认为可能是《周书》的作者未加考察等原因所致[①]。

欹器在我国沿用了很长一个历史时期，宋代还有制造，它的产生和发展，反映了我国古代人民对重心与平衡力的深刻认识和高超技艺。

2. 声学知识

魏晋南北朝的声学知识较前代又有了一定的发展，其中比较值得注意的是：作为打击乐器的铜钹开始推广，乐律学中的"管口校正"问题得到了较好的解决，对共鸣有了进一步认识并找到了消除共鸣的方法。

我国古代铜钹至迟出现于东晋十六国时期，最初是在今新疆库车一带流行的，之后传入中原，并成为国乐之一。《隋书》卷十五《音乐志》载："吕光（336—399）、沮渠蒙逊（368—433）等据有凉州，变

---

① 戴念祖：《中国力学史》，河北教育出版社 1988 年版，第 67 页。

五、科学

203

龟兹声为之"，"其乐器有钟、磬、弹筝……横笛，腰鼓、齐鼓、担鼓、铜钹、贝等十九种"；"至魏周之际，遂谓之国伎"。在北齐时期，洛阳民间对铜钹已经十分熟悉。《北齐书·神武纪》云："初，孝明之时，洛下以两钹相击，谣言曰：铜钹打铁钹，元家世将末。好事者叹二拔谓拓拔，贺拔，言俱将衰败之兆"。此"拔"即是"钹"。凡钹，皆应高锡青铜制成，故此"铁钹"很可能是为了文字上的对仗而虚拟出来的。此外，《隋书》卷十五还谈创制天竺等国进贡铜钹的情况。

我国古代乐律学很早就取得了较高的成就，先秦时期就出现了"三分损益律"，或叫五度相生律，至迟秦代，又产生了更为全面的十二律。但我国古代崇尚以管定律，管上算音以管中气柱的长度为标准，而气柱长度实际上却较管为长，故使所发之音略低，这就给十二律的正确发音造成了很大的困难。为此，便需依据声学原则，计算出管与气柱的长度差，即作"管口校正"，晋代的荀勖在这方面曾做出过重要的贡献。《晋书》卷十九《律历志》载，晋泰始十年（274），荀勖制成了 12 支类似洞箫的笛；笛竖吹有六孔，前五孔，后一孔。其 12 支笛应十二律，其校正数就是一个律管的长度和另一较高四律的律管长度之差数。荀勖笛不仅是演奏乐器，也是判别音高的声学仪器。此十二笛及管口校正的产生和应用，是我国古代声学史上的一项重大成就，比欧洲早了 15 个世纪[1]。

我国古代关于共鸣的记载始见于先秦时期，魏晋南北朝时人们在认识上的主要进步是找到了一种消除共鸣的方法。南朝宋刘敬叔（390—470）《异苑》卷二云："晋中朝有人蓄铜澡盘，晨夕恒鸣如人叩。乃问张华（232—300），华曰：'此盘与洛钟宫商相应，宫中朝暮撞钟，故

---

① 王锦光等：《中国古代物理学史略》，河北科学技术出版社1990年版，第100—101页。戴念祖：《中国古代在管口校正方面的声学成就》，《中国科技史料》第 13 卷第 4 期。

声相应耳，可错令轻，则韵乖，鸣自止也。'如其言，后不复鸣。"此错的目的是改变共鸣体的固有频率。可知张华不但对共鸣作了较为正确的解释，而且掌握了消除共鸣的方法。

3. **热学知识**

人类在热学方面很早就积累了丰富的经验。构木为室，剥兽皮为衣，是为防止自然界冷暖袭击的有效措施；钻木取火，是人类把机械能转变成热能的一项重大创造。魏晋南北朝时，热学知识又丰富了许多。陶瓷业中，龙窑坡度的选定，说明人们对自然抽力与火焰运行及其分布状态有了进一步的认识；建筑业中，火地法保温的出现，显示了人们在热传导、热辐射利用上的高超技艺；北魏洛阳华林园建有藏冰室，"六月出冰以给百官"，《邺中记》云："石季龙于冰井台藏冰，三伏之间，以冰赐大臣"；北魏洛阳华林园又建有温风室。这都是人们为防暑降温，以及防寒保温方面所采取的重要措施。下面介绍一下此期的取火法，以及人们对沸点、空气湿度的认识。

此期的取火方法主要约有三种，即钻木法、击石法和阳燧法。

钻木法约发明于旧石器时代，汉晋时期仍是重要的取火方式。今知属于汉晋间的钻木取火工具至少有六批，即1930—1934年居延烽火遗址发现的"急"字钻火片和木棒；1906—1908年，1913—1916年先后两次在敦煌烽火遗址发现的钻火木棒和木片；1906—1908年分别在罗布泊遗址、尼雅遗址、安得悦遗址发现的钻火工具[1]。此期文献也有钻火法的记载。魏人邯郸淳《笑林》中有这样一个笑话：说"某甲夜暴疾，命门人钻火。其夜阴瞑未得火，催之急。门人愤然曰：君责人亦大无道理，今暗发漆，何以不把火照我？我当觅得钻火工具"。

---

[1] 转引自汪宁生《我国古代取火方法的研究》，《考古与文物》1980年第4期。

对于钻木而能生火的原因，当时有过一个固有属性说。北朝著作《刘子·崇学》云："金性苞水，木性藏火，故炼金则水出，钻木而生火。"即是说，金是水的固有属性，火是木的固有属性，金炼而成水，木钻就会释放出火来。这显然是五行说的观点，与18世纪产生于欧洲的燃素说有些相似。

击石取火的发明年代尚无定论，但汉魏已经使用却是肯定的。《易林》云："火石相得，乾无润泽。"此书旧题为汉代著作。晋潘岳（247—300）《河阳县作二首》诗去："人生天地间，百年孰能要，颎如槁石火，瞥若截道飚"[1]，此"石"通常是一种黄铁矿。此期关于火石产地的记载至少有两条。《水经注》卷十四《鲍丘水》引《开山图》说："（徐无）山出不灰之木，生火之石。案注云：有石赤色如丹，以一石相磨，则火发，以然无炭之木，可以终身，今则无之。"[2]李石《集博物志》卷九引《晋书》说："西海郡北，山有赤石，白色（石）以两石相打则水润，打之不已则润尽火出。"因相击而火生之石不是太多，唐宋之后又发明了火镰击石取火，其使用量便逐渐减少。

在考古发掘中，凹面镜始见于西周早期，即1975年北京昌平白浮村出土的素背凹面镜，其中一枚的直径为9.9厘米，经检测，正面中心凹下0.4厘米[3]。但当时是否曾用它向日取火，今日尚难断定，今知较早的阳燧实物是1982年浙江绍兴战国初期墓出土的四龙镜[4]，魏晋南北朝

---

① 《全汉三国晋南北朝诗》"全晋诗"卷四。

② 王国维：《水经注校》，上海人民出版社1984年版，第464页。

③ 发掘报告见《北京地区的又一重要考古收获——昌平白浮西周木椁墓的启示》（《考古》1976年第4期），鉴定报告见孔祥星、刘一曼《中国古代铜镜》第18页（文物出版社，1984年），检测报告见何堂坤《中国古代铜镜技术的研究》第266页（中国科学技术出版社，1992年）。

④ 浙江省文物管理委员会等：《绍兴306号战国墓发掘简报》，《文物》1984年第1期。

时期，阳燧仍是民间取火的一种重要方式，有关记载也是较多的。

葛洪《抱朴子·黄白》篇云："水火在天，而取之以诸，燧"；"譬诸阳燧所得之火，方诸所得之水，与常水火岂有别哉"？《晋书》卷十一《天文志》上云："今火出于阳燧，阳燧员而火不员。水出于方诸，方诸方而水不方也。"《三国志》卷二十九《管辂传》南朝宋裴松之（372—451）注："君不见阴阳燧在掌握之中，形不出手乃上引太阳之火，下引太阴之水。"唐宋之后，因火镰取火的发展，阳燧的使用量渐次减少，并主要转移到了一些宗教仪式中。

钻木取火，击石取火，都是把机械能转变成热能，之后再引火燃烧的；阳燧则是通过聚焦，把太阳能集起来而实现燃烧（点火）的。其中都包含了丰富的物理知识。

前引《黄白篇》等三段文献还谈到了方诸（阴燧）的问题，这也是物理学中很值得注意的事件。方诸对月所取之水，实是露水。这反映了人们对露的一种认识，以及获取露的一些经验。本书"农业"部分谈到了薰烟防止霜冻的方法，它反映了人们对霜的成因及其危害的认识。露和霜都是空气中的水汽含量达到饱和浓度后而析出的，若地表气温在0℃以上，就会凝结成水珠，是即露；若地表气温在0℃或稍低，水汽便直接凝结成固态，即是霜。在古代文献中，方诸对月取水与阳燧对日取火，往往同时说出，除了"阴""阳""水""火"的对偶关系外，这也是一种自然现象的反映。月明之夜必是无云的，地表没有隔热层，热量易于散发，气温容易下降，待到露点之下即可得到露水，所谓"露水起晴天"即是此意。

魏晋南北朝时，人们对不同液体的沸点也有了一定认识，晋张华（232—300）《博物志》卷四《物理》条："煎麻油，水气尽，无烟，不复沸则还冷，可以手搅之，得水则烟起，散卒而灭。此亦试之有验。"① 说明当时人们已观察到了油与水的沸点不同这一物理现象，当油水相混进行煎炼时，水自先沸。但张华云"水气尽"之后，"可内手搅之"则有些夸张。

至迟西汉时期，人们对空气湿度，及其对某些物质重量的影响都有了一定的认识，并装置了一种简单的湿度测定器。魏晋南北朝后，人们的认识又有了一些提高，同时对这种测湿器结构和原理作了很好的说明。三国孟康说："《天文志》云：'悬土炭也'，以铁易耳。先冬夏至，悬铁炭于衡，各一端，令适停。冬，阳气至，炭仰而铁低；夏，阴气至，炭低而铁仰，以此候二至也。"② 即是把铁和炭这两种吸湿能力不同的物体分别置于天平的两端，使之平衡，因冬、夏空气湿度不同，铁和炭的吸湿量（或蒸发量）不同，天平就会失去平衡，类似的测湿器在欧洲是公元 16 世纪才发明出来的。

4. 光学知识

我国古代的光学知识是相当丰富的，早在先秦时期就有学者进行过一些专门的试验和论述，魏晋南北朝时，比较值得注意的事项是"破镜重圆"以及"小儿辩日"问题。

我们知道，反射成像是在同一个镜面内实现的，镜子一旦摔破，便再不能映照出原本的完整形象。但湖北省鄂城县（今鄂州市）出土了一枚六朝早期的半圆方枚神兽镜，使用过程中摔破后又经过了粘补，便使镜面又复原到了本来的状态，在技术上真正实现了"破镜重圆"。粘补之法是：①先用机械的、化学的方法把镜子正面原有的镀层清理干净。②清理断口，并用黏合剂把破碎了的镜片对合，黏合起来。③把强度较

---

① 《文渊阁四库全书》第 1047 册，第 585 页，"散卒而灭"作"散卒不灭"。

② 《汉书》卷七十五，《李寻传》，唐颜师古注引三国孟康说。

高，韧性较好的小条纸片贴在镜面侧的黏合缝上，以作固结之用。④在镜面重新涂锡汞齐[①]。破镜重圆技术的出现说明人们对镜面成像又有了新的认识。

小儿辩日的故事原出自《列子·汤问》篇，原意是说两小儿在一起争论日出和日中之时，什么时候距离太阳更近？一小儿说日出之时，其大如车盖，及至日中，才如盘盂，故日出时去太阳为近；一小儿说，日初则苍苍凉凉，日中时热如手探沸水，故日中时去太阳为近。孰是孰非，当时孔子也难对答。大约西汉之后，人们就对此问题先后进行了许多研究，其中又以晋代天文学家束皙阐述得较为全面。《隋书》卷一九《天文志上》：束皙以为"旁方与上方等。旁视则天体存于侧，故日出时视日大也。日无小大，而所存者有伸厌。厌而形小，伸而体大，盖其理也。又日始出时色白者，虽大不甚，始出时色赤者，其大则甚，此终以人目之惑，无远近也。且夫置器广庭，则函牛之鼎如釜，堂崇十仞，则八尺之人犹短；物有陵之，非形异也。夫物有惑心，形有乱目，诚非断疑定理之主"。这段引文较长，计谈了三方面的原因：一是有无比衬。"旁视则天体存于侧"，以及"且夫置器广庭"至"非形异也"六句，说的都是这一意思。二是生理因素，"所存者有伸厌，厌而形小伸而体大"便是此意。三是颜色和亮度的影响，"色白者，虽大不甚"，"色赤者，其大则甚"即是此意。"小儿辩日"是一个十分复杂的问题，即许今日，亦非三言两语可以说清，但束皙所云与现代技术原理却是基本相符的，且较全面，实在难能可贵。

5. 电磁学知识

电磁学虽是 19 世纪才发展起来的，但人们对电磁现象却早有了一

---

① 何堂坤：《关于我国古代"破镜"重圆技术的初步研究》，《四川文物》1988 年第 6 期。

定的认识。魏晋南北朝时，此认识又有了一定的提高，尤其是在大气放电，日常生活中的磁现象和静电感应方面。

　　大气放电常见的有尖端放电和雷电等，早在西汉时期人们就注意到了尖端放电现象。《汉书》卷九十六下《西域传》说："姑句家矛端生火，其妻股紫瞅。"东晋时期，人们对这现象描写得更为明晰。干宝《搜神记》卷七云："晋惠帝永兴元年，成都王之攻长沙也，反军于邺内外陈兵，是夜戟锋皆有火光，遥望如悬烛，就视则亡焉。"戟皆为长兵器，直立放置时，若遇静电感应，尖端电是完全可能的。此时雷电专击金属制品之事也开始引起了人们的注意，《南齐书》卷十九《五行志》说"永明八年四月六日雷震会稽山阴恒山保林寺，刹上四破，电火烧塔下佛面，窗户不异也。""佛面"一般都是以金粉开光的。

　　日常生活中的磁现象和静电吸引，汉代文献曾多次提及，魏晋南北朝时，有关记载就更加明确起来。东晋郭璞《山海经图赞》云："磁石吸铁，琥珀取芥，气有潜通，数亦冥会。"玳瑁是一种绝缘体，经摩擦带电后便能吸引芥子一类细小物件；在此人们同时谈到了磁和电，并把它们联系在一起，统归为"气"，这是很有意思的。此时人们还观察到了琥珀不取腐芥这种比较特殊的现象，三国吴人虞翻少小时云"仆闻虎魄不取腐芥"（《三国志·虞翻传》注引《吴书》），此"虎魄"即琥珀，是一种绝缘性很好的物质，与玳瑁同样经摩擦而带电后亦吸引细小物质。"腐芥"指腐烂了的芥籽，因其含水分稍多，而具有一定黏性，容易被其他的物体粘着，故难以吸动；另外，腐芥含水稍多，其周围较为潮湿，以致成为导体，当它接近带电体时，电感应而产生的电荷就会被传走，静电吸力就会变得很小。所以，磁石吸铁，玳瑁取芥，琥珀不取腐芥，都是符合科学道理的。此时人们还把是否具有静电吸引的性质，作为判定真假琥珀的依据。陶弘景（456—536）《名医别录》云："琥珀，惟以手心摩热拾芥为真"，说的便是此意。同时人们也开始注意到了摩擦生电的发光现象和与之伴生的轻微声响。张华《博物志》卷九云："今人梳头，脱衣著髻时，有随梳解结有光者，亦有咤声。"这里谈到了两件事，一是梳子和头发摩擦起电，并放电、发声；二是内衣和外衣摩擦起电，并放电、发声。古之梳有漆木质和骨角质的，衣料有丝绸、毛皮等，当天气干燥，摩擦强烈时，都有可能发出微弱的电光和声响。

（四）化学

我国古代的化工技术是相当发达的，在许多方面都取得了举世称著的成就；随着化工技术的发展，化学也在其中孕育和发展起来。前面谈到的多种手工业，陶瓷、冶金、染色、造纸以及农业技术中，都包含了丰富的化学知识，都显示了魏晋南北朝时期在化学方面的进步。此外，此期化学在炼丹术以及制糖、酿酒等方面的成就也是相当出色的。今仅就这三方面作一介绍。

1. 炼丹术

这是炼制长生不老药的方术，细分起来，又包括炼丹炼金两项内容。仙丹可直接服食，亦可用来点化他物成金；炼出之金可制成饮食器，亦可化成"水"而服用。不管服丹还是服金，都是为了长生。我国古代炼丹术约兴起于秦，汉魏南北朝便有了较大发展，魏伯阳（东汉）、葛洪（东晋）、陶弘景（南朝梁）三位大炼丹家，都是这一时期出现的，他们都有长篇巨著流传于世。炼丹术的目的是荒诞的，方法多是盲目的，但因其"执着"追求，反复制炼，其中并不乏新的发现和很有价值的资料。我国古代许多重要的化学现象，重要的金属和非金属材料，都是炼丹家最先发现并记载下来的。魏晋南北朝炼丹术对化学的贡献主要表现在汞化学、铅化学、胆铜以及砷白铜、硝石等的制取上。其中砷白铜已在本书"冶金"部分提及，今不再琐言。

我国古代对汞的利用可上溯到先秦时期，但有关炼汞法的记载却是到汉代才出现的。东汉著作《说文解字》云："澒，丹砂所化，为水银也。"此述十分简单。魏晋南北朝时，有关记载更加明确起来，西晋张华（232—300）《博物志》卷四说"烧丹朱成水银"，东晋葛洪《抱朴子·金丹篇》说"丹砂烧之成水银"。此丹朱、丹砂的化学式皆是 HgS，这实际上是一种低温蒸馏炼汞法，其化学反应式为：$HgS+O_2=Hg+SO_2-60$ 千卡。在频繁接触和大量使用的过程中，此时人们已把人工炼制的粗水银与天然自生的纯水银区别开来。南朝梁陶弘景云："今水银有生熟。此云生符陵（地点）平土者，是出朱砂腹中，亦有别出沙地者。青白色，最胜。出于丹砂者是今烧粗末朱砂所得。色小白浊，不及生者。"（《本草纲目》卷九"水银条"引）依纯度而把水银分为生、熟两种，是一种科学的分类法。"烧粗末朱砂"所得之汞不及自然汞纯净，应是混入了其他杂质之故。

红色硫化汞原包括天然自生的和人工制炼的两种，前者俗谓之丹砂、辰砂（湖南辰州所产而得名）；后者叫银朱或灵砂。银朱的出现，是炼丹术对化学的一项重大贡献。汉代的魏伯阳便曾用隐语记述了这一现象，葛洪《抱朴子·金丹篇》则更用十分简洁的义字作了概括性说明："丹砂烧之成水银，积变又还成丹砂。"此第二句实际上可视为第一句的逆过程，即汞加硫黄又能生成黑色硫化汞，经升华即可变成红色硫化汞[1]。

我国古代对汞齐的接触和利用至迟可上推到春秋时期，但关于汞"能消化金、银"的明确记载，却是始见于西晋南北朝文献的。葛洪

① 袁翰青：《中国化学史论文集》，三联书店1956年版，第189页。张子高：《中国化学史稿》，科学出版社1964年版，第72—73页。

《抱朴子·神仙金汋经》[①]卷上在谈到"金液"时说:"上黄金十二两,水银十二两。取金镳作屑,投水银中令和合。恐镳屑难煅,铁质煅金成薄如绢,铰刀翦之令如韭叶许,以投水银中……金得水银须臾皆化为泥。"这是我国古代关于金汞齐做法的最早记载。稍后,陶弘景在《本草经集注》中也有过类似的简单说法,云水银"能消化金银,使成泥,人以镀物是也"(《本草纲目》卷九"水银"条引)。这里最早明确地提出了汞齐法外镀金银。汞齐法是我国古代金属外镀的基本操作,一直沿用至今。

我国古代炼铅术至迟发明于商。商周时期,人们用铅配制铜合金、外镀、制作纯铅器等,同时还制作了一种名为"胡粉"的碱性碳酸铅 $P_b(OH)_2\cdot 2PbCO_3$,但关于铅的许多化学现象,却是多见于汉后文献,多见于炼丹家笔下的。《参同契》云:"胡粉投火中,色坏还为铅。"这说的是一种分解还原现象,白色的碱性碳酸铅(胡粉)受热后先分解出二氧化碳和水蒸气,所得氧化铅再被碳或一氧化碳还原而成为金属铅。葛洪《抱朴子·论仙篇》云:"黄丹及胡粉是化铅所作。"此"黄丹"即 Pb_3O_4,呈红色。陶弘景云:黄丹"即今熬铅所作",胡粉"即今化铅所作"(《本草纲目》卷八"铅丹"汞。"粉锡"条引)。即是说,黄丹和胡粉都不是天然自生的,都是人工制作出来的。《抱朴子·黄白篇》说:"铅性白也,而赤之以为丹,丹性赤也,而白之以为铅。"即是说铅性原是白色的,其可化作白色的胡粉,但经熬炼便可化成赤色的黄丹,黄丹原是赤色的,经还原,去掉了白色后,便可成为铅。这说明人们对铅的氧化还原反应已有了较深认识。若把黄丹投入柴炭之火中,它也会与胡粉一样,"色坏还为铅"的。

---

① 《道藏》洞神部众术类,斯字总第 593,涵芬楼影印,1926 年。

至迟汉代，人们对铁与铜盐的置换作用就有了一定了解。《淮南万毕术》说"曾青得铁则化铜"，此"曾青"即天然硫酸铜，又称作空青、白青、石胆、胆矾等。两晋南北朝时人们的认识又有了扩展。葛洪《抱朴子》卷十六说："以曾青涂铁，铁赤色如铜……外变而内不化也"，此"外变而内不化"，主要是曾青数量太少，只涂于铁器外表之故。梁陶弘景云：鸡屎矾"不入药用，惟堪镀作，以合熟铜；投苦酒中，涂铁皆作铜色，外虽铜色，内质不变"。此"鸡屎矾"应是碱性硫酸铜或碱性碳酸铜，甚难溶解于水，加苦酒（醋）是为了使其溶解，可见当时人们已了解到，与铁置换之物已非曾青一种，凡可溶性铜盐皆会与铁作用。唐宋时期，这些认识便发展成了一种胆水炼铜法。

我国古代关于"硝"的记载如于汉，当时并有"消石""朴消""芒消"等名称。依照现代技术观点，其大体应包括硝酸钾和硫酸钠两种物质。因当时并无科学分析的方法，这两种物质的来源和形态都相似，故从一开始，人们就把它们混淆起来了。有关研究认为：淳于意所用的"消石"和《三十六水法》的"消石"，皆系硝酸钾，《神农本草经》中的"消石"则主要为硫酸钠，"朴消"却为硝酸钾。张仲景《伤寒论》中的承气汤、陷胸汤所用"芒消"，说是"消石一名芒消"，他巧妙地回避了"消石"与"朴消"的区别[1]。在此，陶弘景是做出过重要贡献的，他使用火焰试验法很好地区别了消石。《重修政和经史证类备用本草》卷三"消石"条引陶弘景云："先时有人得一种物，其色理与朴消大同小异，胐胐如握盐雪不冰。强烧之，紫青烟起，仍成灰，不停沸，如朴消，云是真消石也。"此"强烧之，紫青烟起"两句至为重要，这是钾盐的特有性质；在同样的条件下，钠盐会产生黄色火焰。"灰"指

① 孟乃昌：《汉唐消石名实考辨》，《自然科学史研究》1983年第2期。

反应后生成的亚硝酸钾，"仍成灰"即说其与十水硫酸钠一样加热后生成了无水残渣，"不停沸"指逸出气体言。其反应式为：$2KNO_3 \xrightarrow{\triangleright} 2KNO_2+O_2\uparrow$。陶弘景是我国也是全世界用试验法区别了钾盐和钠盐的第一人。在公元 6 世纪就作了如此细致的试验和观察，实在难能可贵。

炼丹家在使用硝石（KNO_3）的同时，实际上也接触到了硝酸，他们把硝石的醋溶液，在一定的 ph 值下进行氧化还原反应，从而提高了醋酸对金属单质及其硫化物的溶解能力[①]。此时人们对无机碱也有了进一步的了解，并出现了制取膏状氢氧化钾的工艺[②]。炼丹术约在公元七八世纪或稍早就传到了阿拉伯，并发展成了炼金术；之后又传到了欧洲，欧洲的炼金术后来转变成了药物化学，后来又演变为现代化学。所以，化学是起源于中国的，这是举世公认的事实。

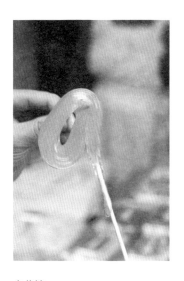

麦芽糖

麦芽糖是碳水化合物的一种，由含淀粉酶的麦芽作用于淀粉而制得。用作营养剂，也供配制培养基用。也是一种中国传统怀旧小食，如今在一些古镇景区还常见。

2. 制糖

我国古代的食糖主要是麦芽糖、蔗糖和蜂蜜三种。从现有文字资料看，早在先秦时期，人们就制作了麦芽糖，食用了蔗汁，汉代又生产了固态的蔗糖[③]。马王堆一号汉墓出土的简牍中，简 112 号记有"唐（糖）一笥"字样；出土的

① 孟乃昌：《关于中国古代炼丹术中硝酸的应用》，《科学史集刊》1966 年第 9 期。

② 朱晟：《我国古代在无机酸、碱和有机酸、生物碱方面的一些成就》，《科技史文集》第 3 辑，上海科技出版社 1980 年版。

③ 彭世奖：《关于中国的甘蔗栽培的制糖史》，《自然科学史研究》1985 年第 3 期。

竹笥中见有"糖笥"字样的木牌[1]。魏晋南北朝时期，有关糖的资料增多，麦芽糖工艺有了较为详细的记载，蔗糖中制出了砂糖。

《齐民要术》卷九分别介绍了"白饧""黑饧""琥珀饧""煮餔""作饴"等五种麦芽食糖的制作法，皆大同小异，从选料、配料、蒸煮、制作及各有关注意事项，皆一一作了介绍，颇为详明。这是我国古代食糖工艺的最早专门记载，基本操作与今制糖法是一致的。

有关砂糖的明确记载始见于梁陶弘景《本草经集注》中。其云：甘蔗"今出江东为胜，卢陵亦有好者。广州一种数年生，皆大如竹，长丈余，取汁为砂糖，其益人"（《证类本草》卷二十三"甘蔗"条引），此"砂糖"的含义应与今之相当。此外还有资料说我国早在东汉便生产了砂糖，《证类本草》卷六"木香"条引《图经》曰："《续传信方》著张仲景青大香丸主阳衰诸不足，用昆嵛青木香、六路诃子皮各二十两，筛末，砂糖和之。"张仲景约为公元150至219年间人，若此说可信的话，砂糖的发明年代便可上推到东汉。

3. 酿酒

我国古代造酒技术约发明于龙山文化时期，早期的酒应是由发酵能力较低的曲蘖发酵而成的[2]，之后发展成了直接以曲造酒。酒曲不但含有富于糖化力的丝状菌毛霉，而且含有促成酒化的酵母。这一演变大约在汉代或稍早便已完成，魏晋南北朝时，有关造酒的记载明显增多，除张华《博物志》等著作的零星记述外，还出现了诸如曹操《奏上九酿酒法》，后魏贾思勰《齐民要术》第六四至六七等专论性篇章，此时多

---

① 湖南省博物馆等：《长沙马王堆一号汉墓》上册，文物出版社1973年版，第140页。

② 方心芳：《对"我国古代的酿酒发酵"一文的商榷》，《化学通报》1979年第3期。

项造酒操作更趋成熟，并建立了一整套完整的工艺和酿酒发酵理论的雏形。

后魏时期，制曲工艺有了很大发展，《齐民要术》记载的造曲法计有 12 种之多，其中包括发酵力较强的"神曲"5 种，发酵力稍弱的"笨曲"3 种，以及"黄衣""黄蒸""白醪曲""女曲"各一种。其中的"黄衣""黄蒸"是酒化作用甚弱的碎块散曲，是作豆酱用的，其余皆呈大块饼状、砖状。这些造曲法一直沿用下来，与近代土法生产相差无几[1]。尤其值得注意的是，早在晋代，我国就发明了向曲中加草药的技术。晋嵇含《南方草木状》说："草曲南海多矣。酒不用曲糵，但杵米粉，杂以众草叶治葛汁，滫溲之大如卵，置蓬蒿中荫蔽之，经月而成。用以合糯为酒。"说明广东一带当时用草曲造酒已较普遍。《齐民要术》的制曲法则使用了胡葈、苍耳、野蓼、桑叶和艾等草药，草药的使用，对营养酿酒菌类，抑制杂菌生长都有一定作用，从而较好地保证了酿酒发酵过程的进行，酿出的酒亦别有风味。

此时人们对发酵工艺条件，如原料处理、温度控制、用水质量和配比等，都有了进一步的认识，并提出了许多定性和定量的工艺规范。首先是对米要进行反复淘洗。《齐民要术》第六四"清曲法"说，"米必细�，净淘三十遍许，若淘米不净，则酒色浓重"，同书第六七"黍米法酒"条说："凡酒米皆欲极净，水清乃止"，"淘米不得净则酒黑"。反复淘洗可去掉一些可溶性物质，而保留下糖化酶利用的淀粉。其次是分批投料发酵，分批数可达 9~10 次。《齐民要术》第六六"作春酒法"条说："十七石瓮，惟得酿十石米"。"初下以炊米两石……以后，间一日辄更酘（音投）"，"第二酘，用米一石七斗；第三酘，用米一石四斗；

① 袁翰青：《中国化学史论文集》，三联书店 1956 年版，第 92 页。

第四酸，用米一石一斗；第五酸，用米一石；第六酸第七酸，各用米九斗。计满九石，作三五日停，尝看之，气味足者乃罢，若犹少味者，更酸三四斗。数日复尝，仍未足者，更酸三二斗。数日复尝，曲势壮，酒仍苦者，亦可过十石米，但取味足而已，不必要止十石"。这里详细地谈到了每次投米的数量和一些注意事项，显然是长期实践经验的总结，这种分次投米，对于掌握发酵动态和调节发酵温度，都具有十分重要的意义。当时发酵过程的温度控制主要是通过调节投料时间和室温来实现的，若发酵热度较高，则可将原料"舒使极冷，然后纳之"。第三是掌握好水的质量和配比。《齐民要术》第六四"神曲酒方"条说："收水法，河水第一好；远河者，取极甘井水，小碱则不佳。"收取河水应以清洁度较好的低温季节为佳，即"初冻后，尽年暮，水脉既定，收取则用"。用水量与酒曲的品质等因素有关，神曲投水量一般较大，笨曲投水量一般较小。《齐民要术》第六四"造神曲黍米酒方"条说用"曲一斗，水九斗，米三石"。同书第六六条作笨曲春酒，"大率一斗曲杀米七斗，用水四斗。率以此加减之"。第四是密切注意发酵过程。《齐民要术》把发酵过程分为三个阶段，皆须通过眼观、耳听、鼻闻来加以鉴别。初期是"浸曲发，如鱼眼汤"，中期是"酒薄霍霍""香沫起""曲势盛也"，后期是"沸定""沸止"，说明发酵到了终点。这些，与发酵原理都是基本相符的。

由于酿酒技术的发展，酒的质量随之提高。《齐民要术》第六六"穄米酎法"条说，醇厚的酎酒"色似麻油，甚酽，先能饮好酒一斗者，唯禁得升半。饮三升大醉。三升不浇必死"。这种情况在秦汉时代是不多见的。

（五）地理学

魏晋南北朝的地理学知识较以前更为丰富，人们对地形、物候历都有了进一步的认识，水文地理有了发展，潮汐理论有了提高，边疆和域外地理知识有了扩展，产生了名叫"制图六体"的著名地图学理论，出现了诸如《水经注》这样伟大的水文地理巨著和许多地形记类著作。

《水经注》
《水经注》为郦道元所著，是古代中国地理名著，共四十卷。

1. 地形知识

地形是地理环境的基本因素之一，我国古代在这方面很早就有了丰富的知识。此期最值得注意的是如下几个方面：

（1）关于流水对地形的影响。早在先秦时期，人们对流水与地貌的关系就有了一定认识。《老子·道德经》第七十八章云："天下柔弱莫过于水，而攻坚；强莫之能先。"此言的原意，是为了说明柔可克刚的道理，这反映了人们对水流自然力的深刻认识。北魏《水经注·河水》云："古之人有言，水非石，凿而能入石。信哉。"说的亦是同一道理。此外，《水经注》还不止一次地谈到洪流与山崩的关系，其"江水"条谈到了巫峡因山崩而堆成的"新崩滩"，"河水"条谈到了"……山崩，壅河所致"。可见流水在不断地改造着地貌和周围环境。

（2）对熔岩地形的研究。我国古代对地下和地上熔岩地形的记载约始见于先秦时期，魏晋南北朝后，有关记载明显增多。三国吴人张勃《吴地记》曾记载了桂林岩洞，云"始安、始阳有洞山，山有穴如洞庭，其中生石钟乳"。魏吴普所辑《神农本草经》卷一谈到了石钟乳的形成过程："钟乳一名虚中……生山谷阴处崖下，溜汁成，如乳汁，黄白色，空中相通。"这见解是十分难得的。《太平寰宇记》卷一〇〇引梁萧子开《建安记》云："山下有宝华洞，即赤松子采药之所。洞有泉，有石燕、石蝙蝠、石室、石柱、石臼、石井。俗云:其井通沙县峪。"《水经注》一书亦多次提到过洞穴，其"涓水"条云:大洪山"为诸岭之秀，山下有石门，夹嶂层峻崖高，皆数百许仞。入石门，又得钟乳穴，穴上素崖壁立，非人迹所及，穴中多钟乳，凝膏下垂，望齐冰雪，微津细液，滴沥而断，幽穴潜远，行者不极穷深"。同条还谈到了峰林状石山及其特点:"涓水出县东南大洪山……广圆一百余里，峰曰悬钩，处平悬众阜之中。"这种四周峻峭、孤立兀起的石山地形，正是石灰岩地形的特点。我国古代对岩溶地形的研究不断发展，明徐霞客时便达到了顶峰的阶段。

（3）关于沙漠地形。《禹贡》曾云"西被于流沙"。说明我国古代对西北沙漠早有了一定的认识。两晋之后，有关记载便日趋详明起来。如《太康地（理）记》曾经指出流沙地形"如月初五、六日"，即呈新月形。《辛氏三秦记》还对鸣沙现象作了记载，说"河西有沙角山，峰峣危峻，逾于石山。其沙粒粗，色黄，有如干精。又山之阳，有一泉，云是沙井，绵历古今，沙填不足。人欲登峰，必步下入穴，即有鼓角之音，震动人足"（张澍辑《辛氏三秦记·沙角》）。刘宋时刘敬叔《异苑》卷一云:"俗云昔有覆师于此者，积师数万。从是大风吹沙复上，遂成山阜，因名沙山。时闻有鼓角声。"此"覆沙成山"说是对的，但其关于鸣沙成因的解释显然是一种毫无依据的传说。

2. 水文地理知识

早在先秦时期，人们对河流、湖泊在人类社会生产、社会生活中的作用和地位就有了一定认识，《禹贡》可算是我国最早的一部人文地理著作，它把天下划分为九州，并分别记载了它的主要河流;其中好几个州的地理位置，都是以水系为基础来表述的。魏晋南北朝水文地理的成就主要表现在如下三方面：

（1）出现了水文地理的巨著《水经注》。在西汉及其之前，人们对河流湖泊的描述大体上是以政区为纪纲的，这就把一些跨郡县的长江大河被分割得互不相连，不能较好地反映水系本来的面貌，也影响到了人们对河湖的整体认识、利用和治理。汉末三国时期出现的《水经》，一改前世之法，以河流本身为纪纲来描述河流，便弥补了这一缺陷①。该书约一万字。其中记载了137条河流，扼要地说明了它们的发源地、流经地和归宿，同时谈到了主支流的分布状态，从而较为全面系统地反映了各河流的概貌。它记载的河流不仅数量超越了前代著作，而且在思想方法上也有许多独到之处，是我国古代水文地理学走向成熟的明证。

因《水经》比较简单，且随着岁月之推移，有关水系分布的知识亦更加丰富起来，终于成就了著称中外的《水经注》一书。此书作者郦道元（466/472—527），字善长，北魏范阳（今河北涿州）人。生于官宦之家，曾在平城（今山西大同）、洛阳担任过御史尉等中央官吏，并多次担任地方官，《水经注》一书凡40卷30多万字，所记河流1252条，名义上是对《水经》之注释，实际上是在《水经》基础上的再创作。他参阅了大量的前世著作和地图，"掇其精华，以注水经"，并进行了许多实地考察，"脉其枝流之吐纳，诊其治路之所缠"（《水经注·序》）。该书不仅对水系本身的源、流、归宿作了详明的记载，而且描述了水系所经的山陵、原隰、城邑、关津，以及有关建制沿革、历史人物和事件、民俗、历史古迹、神话传说等，同时记载了有关气候、水文、土壤、植被、物产、地貌等情况，不但对我们研究中国古代的历史、地理具有重

---

① 《水经》的作者不详，旧题汉桑钦著，清戴震（1723—1777）等人考订为三国时期的作品。

要的参考价值，其中许多内容在现代仍具有重要的参考意义，在世界水文地理、人文地理学史上，都占有十分重要的地位。

（2）关于河、湖含砂量的观察和研究。《诗·小雅·谷风之什》云："相彼泉水"，载清载浊，说明早在先秦时期，人们对河水的含砂量就有了一定认识。新莽时期，张戎从流水动力学的角度探讨了泥沙运动的问题（《汉书·沟洫志》）。南北朝时，这种认识又有了进一步发展。《水经注·夷水》云：四川的"夷水又径宜都北，东入大江，有泾渭之比，亦谓之很山北溪，水所经皆石山，略无土岸"。"蜀人见其澄清，因名清江也"。这里不仅谈到了河流清浊的原因，而且谈到了含沙量与土壤、地质条件的关系。《水经注·河水》云渊水"冬青而夏浊"，则说到了含沙量与季节（雨水）的关系。这些认识对于人们利用河流、治理河流，都是很有帮助的。

（3）关于利用河流来改良盐碱地。此事在我国约始于先秦时期，魏晋南北朝亦进行过类似的工作，而且认识上有所发展。据《魏书·崔楷传》载，北魏末年，今河北中部、南部因连年水灾，以及河道变迁、河流水口被堵，致使地下水位升高，导致土壤盐碱化，崔楷提出了整理河道，排除涝水，治理盐碱地的建议。其云："计水之凑下，浸润无间，九河通塞，屡有变改，不可一准古法，皆循旧堤。""至若量其逶迤，穿凿涓浍，分立堤堨，所在疏通，预决其路，令无停蹙，随其高下，必得地形。"他的基本思路是对的，终因实行不力而收效甚微。

3. 物候历的发展

物候是指生物本身生理现象的周期性变化，如植物之发芽、开花、结实，动物之复苏、始鸣、交配、迁徙等，和一些非生物因素，如始雷、始霜、始雪、始冰与气候的关系。早在先秦时期，我国人民在这方面就具有了丰富的知识，《夏小正》便是我国较早的一部物候专著；《诗经》《吕氏春秋》等中都包含了大量的物候内容；《逸周书·时训解》还最早地把一年分成了七十二候，五天为一候，每一候用一种自然界的反映来表示，虽其中有许多缺点，却推动了人们对物候现象的认识。魏晋南北朝时，人们对物候的认识又有了发展，主要是在北魏时期最早把七十二候列入了历书，即神龟三年（520）龙祥、李兴业等九家上《神龟历》，亦即《正光历》（该年亦是正光元年）。内列了七十二候位。稍后的东魏《甲子元历》（540）亦基本上沿用了《正光历》的候应。与《逸周书》相较，《正光历》各候应出现的时间一般稍晚，这主要是北魏时期，黄河流域气候的大陆度有所减弱所致。大陆度减弱，一方面使最高和最低气温出现的时间推延，另一方面又会使全年温度较为均匀，冬温有所升高，这在《正光历》中都有反映。这些情况对我们了解地表气温的周期性变化情况具有重要的意义。

4. 潮汐理论的发展

对于潮汐的本质和成因，人们很早就进行了各种各样的猜测和解释，最先做出科学的假说，把它引导到正确方向上来的是东汉哲学家王充，他在《论衡·书虚》中提出了"涛之起也，随月盛衰"的观点，明确地把潮汐的发生与月球运动联系起来，晋代物理学家杨泉、化学家葛洪都继承和发扬了王充的潮汐随月盛衰理论。杨泉《物理论》云："月，水之精；潮有大小，月有亏盈。"葛洪《抱朴子·外佚文》云："日之精生水，是以月盛满，而潮涛大。"葛洪还在同书同篇中谈到了太阳对潮汐的影响，并以此来说明潮汐的四季变化。虽然他对其中的真正原因尚不了解，但引进了太阳对起潮的作用，是潮汐理论上的一大进步。

5. 裴秀的贡献和制图理论的发展

我国古代的地图应可上推到《诗经》的年代，《诗·周颂》云："随山乔岳，允犹翕河。"郑笺云："犹，图也……案山川之图而次序祭之"，即依图示之山川次序而祭祀。《尔雅·释言》亦云："犹，图也。"目前在考古发掘中所见最早的地图是甘肃天水放马滩出土的西汉早期纸绘图①。魏晋南北朝地图学上的主要成就是裴秀（223—271）提出了绘制地图必须遵守的六项基本原则，即所谓的"制图六体"，对我国古代制图学的形成做出了重要的贡献。

裴秀字季彦，河东闻喜（今山西闻喜县）人，生于世代官宦之家。司马炎代魏称帝后，裴秀官至尚书令和司空（相当于宰相），除了管理政务外，还兼管户籍和地图。因其本人参加过行军作战，对地图有过一定研究，亦比较了解地图精确度的重要性。据《晋书·裴秀传》所云："制图之体有六焉：一曰分率，所以辨广轮之度也。二曰准望，所以正彼此之体也。三曰道里，所以定所由之数也。四曰高下，五曰方邪，六曰迂直，此三者，各因地而制宜，所以校夷险之异也。"即，一要选好比例尺，二要确立彼此间的方位，三要了解两地间的步行距离，四要了解其高下，五要了解其方邪，六要了解其迂直。人的行程与高下、方邪、迂直"三者"有关，要求得两地的水平距离，须得高取下，方（直角三角形的两正角边）取斜（直角三角形的斜边），迂（曲线）取直②。此"六体"虽有主次之分，但它们又是互相联系、互为制约的。其又云：有图像而无比例尺，则无从审定远近之差别；有比例尺而无方位，虽局部可能是正确的，但必失之于他方；有方位而无距离，则在山海隔绝之地便不知如何相通；有距离而无高下、方邪、迂直之校正，则路径之数，必与远近之实相违，方位也不会正确。"故以此六者参而考之。

① 甘肃省文物考古研究所：《甘肃天水放马滩战国秦汉墓群的发掘》，《文物》1989 年第 2 期。

② 曹婉如：《马王堆出土的地图和裴秀制图六体》，见《中国古代科技成就》，中国青年出版社 1978 年版。

然远近之实，定于分率，彼此之实，定于道里；度数之实，定于高下、方邪、迂直之筹（算）。故虽有峻山巨海之隔，绝域殊方之回，登降诡曲之因，皆可得举而定者。准望之法既正，则曲直远近，无所隐其形也。""制图六体"是我国古代一项杰出的科学成就，它不但是我国晋前地图理论的总结，而且一直指导中国古代地图学的发展，在我国地图学史上，具有划时代的意义；除了经纬度和地图投影未曾涉及外，其他各项制图重要原则，他都扼要地提了出来。裴秀堪称我国传统地图学的奠基人。此外，裴秀还绘制了数幅地图，如《禹贡地图》18篇，这是见于记载的世界上最早的历史地图集。

6. 边疆和外域地理知识的扩展

由于封建割据，此期的边疆地理知识有了很大的扩展，与外域的联系亦有了加强之趋势。其中尤其值得注意的是下列事项。

（1）孙吴时期海上交通的发展。孙吴十分注意海上交通，《三国志·孙权传》载，黄龙二年（230），孙权"遣将军卫温、诸葛直将甲士万人浮海求夷州及亶州。亶州在海中……所在绝远，卒不可得至，但得夷州数千人还"。此"夷州"，一般认为即今台湾。《后汉书·东夷传》章怀太子注引吴人沈莹《临海水土志》云："夷州在临海郡东南，去郡二千里，土地无霜雪，草木不死，四面是山，众山夷所居。"这是我国古代文献中关于台湾的较早认识和记载。

孙吴黄武五年至黄龙三年（226—231），孙权派朱应、康泰等出海访问林邑（今越南中南部）、扶南（今柬埔寨和越南南端）及南洋诸岛，后朱应著有《扶南异物志》，康泰著有《吴时外国传》，可惜这些著作都已失传，今只有部分散见于《水经注》《艺文类聚》《通典》《太平御览》等书中，成为研究东南亚和南洋群岛古代历史地理的重要史料。

（2）东晋法显（约335—420）之西行。法显，俗性龚，平阳郡武阳（今山西临汾西南）人。隆安三年（399）三月，时年60余岁的法显与慧景等一行11人，从长安出发，沿着古老的丝绸之路，开始了天竺取经的漫长旅行。他取道河西走廊，穿越葱岭，周游印度，经斯里兰卡、苏门答腊；义熙八年，又取道南海、东海，经山东崂山登陆，历时13年又4个月，经过的地方除我国西北外，还有今阿富汗、克什米尔、巴基斯坦、印度、尼泊尔、斯里兰卡、苏门答腊、印度洋、我国南海、东海、黄海。回来时只剩法显一人。义熙十二年（416），法显写成《佛国记》一卷9000字，记述了我国西北和中亚、南亚30余国的山川形势、风土人情、宗教经典和经济生活，是今见关于中南亚、印度、南海地理风俗的第一部著作，一直受到国内外学者的重视。19世纪时，先后曾有法、英、日等译本问世。

此外，北魏神龟元年（518），宋云、惠生奉使西行求法，从青海经鄯善、左末、于阗，由汉盘陀（塔什库尔干），逾葱岭，到印度。宋云归，撰《行记》，《洛阳伽蓝记》载梗概，对高耸入云、崎岖险阻的帕米尔山汇的地势描写得淋漓尽致，也是研究西域地理的重要资料。

（3）北魏关于东北疆的地貌知识。鲜卑族拓跋部最初居住在今嫩江流域兴安岭附近，后来南移，并至北方广大地区。《魏书·勿吉传》《豆莫娄传》《失韦传》等都谈到过东北一带的地理环境和物产，《勿吉传》还谈到了一条从黑龙江流域到中原的交通路线，即乘船溯难河（松花江）西上，至太沵河（洮儿河），沉船于水，南出陆行，渡洛孤水（西辽河），从契丹西界达和龙（在今朝阳）。

据《隋书·经籍志》云：隋代以前，有关中外山川地理的著作计139种，如《交州以南外国传》《历国传》《诸蕃风俗记》《世界记》等，足见当时边疆及域外地理知识的扩展，可惜这些著作都已失传。

（六）生物学 [①]

魏晋南北朝的生物学比前代又有了一定的进步。植物和动物的形态学、分类学、生态学知识，此时都更加丰富起来；对昆虫和微生物的认识有了提高；对遗传性和变异性的认识亦有了发展；出现了植物志专著《南方草木状》，植物学专著《竹谱》，以及类如《尔雅》郭璞注、陆玑《毛诗草木鸟兽虫鱼疏》、张华《博物志》等与生物学有关的著作。这些著作在世界生物学史、文化史上都占有重要的地位。

1. 植物和动物的形态学、分类学的发展

我国古代的植物形态学和分类学、动物形态学和分类学知识，皆萌芽于先秦时期；魏晋南北朝后，不管在动、植物整体及其各部分器官的描述上，还是分类上，都获得了显著的进展。

（1）植物形态和分类

《尔雅·释草》郭璞注"柱夫"云："蔓生、细叶、紫华、可食、今俗呼田翘摇车"。可见这从植物的整体形态，到营养器官的叶，生殖器官的花，以及用途、俗名都作了详细的描述。郭注"荧"云："药草也，叶似竹。大者如箭杆，有节，叶狭而长，表白里青，根大如指，长一二尺，可啖。"此亦描述得十分明白和具体，前此是不曾多见的。郭璞注对植物的局部，如叶、花等的描述也甚为具体；其常用语有细（柱夫）、小（蕲苣）、圆（莕）、锐（莆苢）、圆锐（藆苻）、细锐（茭）、狭而长（荧）、圆而厚（无姑）、圆而毛（苻）、锐而黄（蒌绕）等；此外还经常使用与某植物类似的叶来表述，如云荧"叶似竹"，茵"叶似韭"、棂"叶似枇杷而大"，縣马"叶罗生而毛，有似羊齿"。对花的描述中，郭璞比较注意颜色，如白色（萑、菅）、黄色（权）、紫色

① 苟萃华、汪子春等：《中国古代生物学史》，科学出版社 1989 年版。

（葵）、赤色（蔓）等。尤其值得注意的是，此时人们已注意到了花粉与结子的关系。《齐民要术·种麻子》条说"既放勃，拔去雄（原注：若未放勃去雄者，则不成籽实）"。此"勃"即花粉，"放勃"即散播花粉。这是世界上关于植物生殖生理知识的最早记载之一。至于对麻雌性雄性的区别，则《尔雅》早已提及。

我国古代对植物的分类方法主要有三种：一是依其对人体的作用来划分。二是依其在生活中的应用来划分。三是依其自然属性来划分。魏晋南北朝植物分类学上的进步，主要表现在第二方面。汉初著作《尔雅》分植物为草、木两大类，嵇含《南方草木状》又另增了果、竹两类。《齐民要术》的章节顺序比较清晰，它主要站在农用的立场，把植物分成了粮食作物（包括禾谷类、豆菽类、大麻、胡麻等）、瓜蔬、果树、桑柘、竹木、经济作物等，显得比较全面。后世一些重要的农书，如宋《农桑辑要》、王祯《农书》、徐光启《农政全书》等，其类目和次序与此虽有差别，但大体上都采用或部分采用了这一分类体系。

（2）动物形态

《尔雅·释鱼》晋郭璞注"鱣"云："鱣，大鱼，似鳝而短鼻，口在颔下，体有邪行甲，无鳞，肉黄。大者长二三丈，今江东呼为黄鱼。"此"鳝"即今之长江鲟，《尔雅·释鱼》篇原只列有鳝之名，不曾进一步细说。可见郭璞的记载是比较具体的。又如"鹈鹕"，《尔雅》也只列有名称，郭璞注则云"今之鹈鹕也，好群飞、沉水、食鱼，故名洿泽，俗呼之为淘河"。郭璞还逼真地描述了鼯鼠的性状，"状如小狐，似蝙蝠，肉翅。翅尾项胁毛紫赤色，背上苍艾色，腹下黄，喙颔杂白。脚短爪，长尾三尺许。飞且乳，亦谓之飞生。声如人呼，食火烟，能从高赴下，不能从下上高"。既简明又生动。三国吴人陆玑《毛诗草木鸟兽虫鱼疏》还描述了珍禽丹顶鹤的形态，说其"大如鹅，长脚，青翼，高三尺余，赤顶，喙长四寸余，多纯白"云云。这些详明的记载，说明人们对动物的形态有了更为细致的观察和了解，在此尤其值得注意的是如下两点。一是《齐民要术》第五十六记述了马的臼齿磨损程度与其年龄间的关系。其云："一岁，上下生乳齿各二；二岁，上下生齿各四；三岁，上下生齿各六；四岁，上下生成齿二（原注：成齿皆背三入四方生也）；五岁，上下著成齿四；六岁，上下著成齿六（原注：两厢黄，生区受麻子也）；七岁，上下齿两边黄，各缺区，平，受米……三十一岁，上中央四齿白；三十二岁，上中尽白"。这简要地描述了从一岁到三十二岁的口齿情况，是一段十分难得的资料。它不仅从发育特征区别了乳齿和恒齿（成齿），观察到了马的乳齿脱落后，即代之以恒齿，恒齿终生不再更换的现象，而且观察到了草食类臼齿面上的锥尖特化的磨损程度，随着年龄的增长而变化的事实。迄今这仍然是人们鉴别马、牛等草食类动物年龄的基本方法。二是同书同卷还谈到了动物体质之优劣与某些器官生理功能的关系。如马的体质与眼色便密切相关，"（马）良，（眼）多赤，血气多；驽（眼）多青，肝气也；马（善）走，多黄，肠气也；材知（聪明），多白，骨气也；材□多黑，肾气也"。本书"农业"部分引《齐民要术》还谈到了马的体躯各部分与体质的关系。说明了人们对动物形态在认识上已经深化。

2. 植物和动物生态知识的发展

我国古代对植物、动物与周围环境的关系，早在先秦时期便有了一定的认识；魏晋南北朝后，这种认识又进一步发展起来。

此期植物生理生态知识的发展主要表现在如下几个方面。有的在本书"农业"部分亦已涉及，在此仅从生物学方面再作一些补充。

（1）关于植物移栽、生长发育过程中的水平衡

《齐民要术·旱稻》篇云："移栽时其苗长者，亦可捩去叶端数寸。

勿伤其心也。"这是用减少叶面积的方法来降低水分消耗，以保持水平衡，提高移栽成活率。类似的方法在晚稻等移栽中一直沿用至今。同书"种瓜"条谈到移栽茄子时说："若旱无雨，浇水令澈泽；夜栽之，白日以席盖，勿令见日。"这显然也是维护植物水平衡的重要措施。

（2）关于雪水在植物栽培中的应用

《齐民要术》记载了用雪水处理种麦、蔬菜、瓜等的技术，并认为雪能使"麦耐旱多实"，使蔬菜"叶又不虫"，使瓜"润泽肥好"，作物"则收常倍"。现代研究表明，雪水中所含重水量比普通水为少，故其对植物不仅有保墒、防止病虫害的作用，而且具有促进动植物新陈代谢的作用。此技术在我国首见于西汉《氾胜之书》。此期应用得更为广泛。

（3）关于磷肥的施用

《齐民要术·安石榴》云：栽石榴时，需"置枯骨礓石于枝间（原注：骨、石，此是树性所宜）。下土筑之，一重土、一重骨、石，平坎止。水浇常令润泽。既生，又以骨、石布其根下，则科圆滋茂可爱"。可见当时人们已初步认识到了骨肥具有促进植物生长、开花结实的作用。据《周礼·地官·草人》载，早在先秦时期，我国就已使用了煮熬的骨汁来浸泡种子；显然，《齐民要术》所云之法来得更为简便。

（4）关于植物生长与阳光的关系

这在《齐民要术》中曾多次提及，如《种李》篇说："桃李大率方两步一根（原注：大概连阴则子细，而味亦不佳）。"同书《种麻》篇说：麻"概（稠密）则细而不长，稀则粗而皮恶"。可见阳光会影响到作物的生长和桃李果实、麻纤维的质量。这与《荀子·劝学》篇所云"蓬生麻中，不扶自直"的思想是一脉相承的。

（5）对顶端优势的发现和利用

当植物顶芽向上生长时，其侧芽一般是呈潜伏状态的；摘除顶芽后，侧芽即开始生长。至迟南北朝时期，我国人民对此便有了一定认识。《齐民要术·种榆白杨》篇云：榆"初生三年，不用采叶，尤忌㧁之心（顶芽）。㧁心则科茹不长"。这显然是对顶芽生长优势的一种利用。前云，柳却须在适当时候摘去顶芽，以令其四下散垂，迎风婀娜。

（6）对生殖、繁殖机理的认识

前面提到，南北朝时期，我国对植物生殖生理已有了一定认识，已了解到授粉与结子间的关系；同时对繁殖机理也有了一定了解，已体验到直接播种具有结果较迟，品质较差，容易发生变异等缺点，而插条、嫁接等无性繁殖则具有结子快，品质好，可以保持品种相对稳定等优点。《齐民要术·奈林檎》云："奈、林檎，不种，但栽（扦插）之（原注：种之虽生，而味不佳）。取栽如压桑法。"这里指出了奈、林檎用插枝法而不用播种法的优点。同书《插梨》篇原注说："若糵生（野生）及种而不栽者，则著子迟，每梨有十许子，唯二子生梨，余皆生杜。"同书《种李》篇原注亦云："李欲栽。李性坚，实晚，五岁始子，是以藉栽。栽者三岁便结子也。"这里谈到了梨、李用插枝法繁殖，而不用播种法的原因。同书《插梨》篇在谈到梨的嫁接时说：梨"插（嫁接）者弥疾。插法：用棠、杜（原注：棠、梨大而细理；杜次之；桑，梨大恶；枣、石榴上插得者，为上梨，虽治十，收得一、二也）"。这里谈到了梨嫁接的优点及其方法。现代研究表明，插条、压条和嫁接，都是在母株基础上继续发育的，它在母体上已经历了胚胎期和幼年期，所以比实生育快，结实早。我国古代嫁接技术始见于西汉《氾胜之书》，可见南北朝已较广地使用起来，认识上也有了发展。

南北朝时，人们还发现雌花多生于分蔓（歧）上，同时发明了促进雌花法。具体措施是使歧蔓增加。《齐民要术·种瓜》篇云："瓜引蔓，皆沿茇（谷茬）上。茇多则瓜多，茇少则瓜少；茇多则蔓广，蔓广则歧广，歧多则饶子。其瓜会是歧头而生，无歧而花者，皆是浪花（雄花），终无瓜矣。故令蔓生在茇上，瓜悬在下。"后来此引导分蔓法演变成了摘除顶心法，操作更为简便。

我国在西汉或稍早就有了低温处理麦种的经验，南北朝又推广到了瓜、葵、梨、粟、梓等多种植物的种植上。《齐民要术·种瓜》篇云："冬天以瓜子数枚，纳热牛粪中，冻即拾聚，置之阴地（原注：量地多少，以足为限），正月地释即耕，逐墒布之……肥茂早熟，虽不及区种，亦胜凡瓜远矣。"此云冬天把数枚瓜子放于热牛粪中，利用其温热和湿度使种子萌动，冷却后瓜子便冻在其中，置于阴处，经一冬自然低温处理，春日解冻播下后，长得格外茂盛，且成熟较早，虽不及区种者，却远胜普通春种之瓜。同书《插梨》篇也有类似的记载，都充分肯定了低温处理的经验。

魏晋南北朝时期，人们的动物生态学知识亦更加丰富，其主要表现在如下两个方面。

（1）对动物异常现象的观察

《太平御览》卷九三八引三国魏武《四时食制》云："东海有大鱼如山，长五、六里，谓之鲸鲵。次有如屋者，时死岸上，膏流九顷，其须长一丈，广三尺，厚六寸，瞳子如三升椀大，骨可为方臼。"此描写的显然是一种须鲸"自杀"现象。《南齐书·五行志》云："永元元年四月有大鱼十二头入会稽上虞江，大者二十余丈，小者十余丈，一入山阴称浦，一入永兴江，皆喝岸侧，百姓取食之。"我国古代有关鲸搁浅"自杀"的记载约始见于东汉王充《论衡》中，在西方是 1784 年才首次见于记载的。

大熊猫吃铁也是一种奇异的现象[①]，汉东方朔《神异经》曾有记载；两晋之后，有关记载明显增多。《尔雅·释兽》郭璞注云：貘，"似熊，小头，庳脚，黑白驳，能舐食铜铁及竹骨"。晋郭义恭《广志》云："貘大如驴，色苍白，舐铁消千斤，其皮温暖。"（引自白居易《白孔六帖》）。刘逵《魏都赋》注引魏完《南中志》说："貊兽，毛黑白，臆似熊而小，以舌舐铁，须臾便数十斤，出建宁。"此"须臾便数十斤"的吃铁量未免有些夸张，但熊猫吃铁确是肯定的，其原因至今不明。

（2）关于地理环境对人的影响

早在先秦时期，我国就注意到了地理环境，水质对人体的影响；魏晋南北朝时，这些认识又有了扩展。如瘿人，即地方性甲状腺肿患者，在《庄子》和《山海经》中皆曾提及；汉晋之后，人们对其病因和治疗方法都有了一定认识。晋张华《博物志》云：山居之民多瘿，是"饮泉之下流"故。《神农本草经》和葛洪《肘后备急方》中记载了用含碘丰富的海藻来治疗瘿病之事。《水经注·湍水》说饮湍水能使人长寿，云其径南郦县（在今河南内乡县）故城东，"又南，菊水注之，水出西北石涧山芳菊溪……源旁悉生菊草，潭涧滋液，极成甘美。云此谷之水土，餐挹长年"。《本草纲目》卷五"水部·飧井泉水"集解云"南阳之潭渐于菊，其人多寿"。应亦指此言。

3. 对昆虫的认识

我国古代对昆虫的描述始见于河姆渡时期，之后的各种文字资料和象形资料随处可见。《尔雅》一书记述的昆虫便有 80 余种；魏晋南北朝时，人们对昆虫的名称、形态、习性都作了更为恰当的描述。陆玑《毛诗草木鸟兽虫鱼疏》云"莎鸡，居莎草间，蟋蟀之类，似蝗而斑，有翅

---

① 李仲钧等：《大熊猫吃铁》，《大自然》1981 年第 3 期。

五、科学

数重，下翅正赤"，此描写十分的详明。又，"蝗类青色，长角长股，股鸣者也"。可见当时已观察到了蝗虫以腿节摩擦前翅而发音的情况。早在先秦时期，荀况就描述了三眠蚕"三府三起"的特点；汉晋之后，有关记载更多，亦更为准确。晋张华《博物志》谈到昆虫的变态时说："食桑者有绪而蛾，蛾类者先孕而后交，盖蛹者蚕之所化，蛾者蛹之所化。"这就很好地说明了完全变态的特点。

此期昆虫生态知识上最值得注意的是人们已认识到了低温对家蚕滞育的影响[①]。这在本分卷"农业"部分曾提及。《齐民要术·种桑柘》篇引晋《永嘉记》云："永嘉有八辈蚕。蚖珍蚕，三月绩；柘蚕，四月初绩；蚖蚕，四月初绩；爱珍，五月绩；爱蚕，六月末绩……爱蚕者，故蚖蚕种也。蚖珍三月既绩，出蛾，取卵，七八日便剖卵蚕生。多养之，是为蚖蚕；欲作爱者，取蚖珍之卵，藏内瓮中（原注：随器大小，亦可十纸），盖覆器口，安硎泉冷水中，使冷气折其出势。得三七日，然后剖生，养之，谓之爱珍，亦叫爱子。绩成茧，出蛾，生卵，卵七日又剖成蚕，多养之，此则爱蚕也。"这是世界上利用低温来中断蚕的滞育的最早记载。此低温处理一方面可调节农时，更主要的是可使二化性蚕连续中断"滞育"，即低温处理后孵化出来的爱珍在当年仍可再繁殖出一代爱蚕来，无疑地提高了生产率。在此值得注意的是要掌握好藏卵温度。温度过低，则"卵死不复出"；若温度不够低，则不得三七日便出，其蚕便不能再在当年孵化而得不到爱蚕。可见我国古代对于温度与动物生长发育间的关系已有了较深认识。

4. 对生物遗传性、变异性的认识和利用

早在先秦时期，我国就有了选择良种的记载，说明人们在生物遗传

---

① 汪子春：《我国古代养蚕技术上的一项重要发明——人工低温制种》，《昆虫学报》1979 年第 1 期。

性、变异性的认识和利用上，已有了初步的知识。汉魏南北朝后，这些知识都更加丰富。后汉王充《论衡》，后魏贾思勰《齐民要术》等书中都有这方面记载。《齐民要术·种蒜》篇云："并州豌豆度井陉以东，山东谷子入壶关上党，苗而无实。"这显然是一种变异。本书"农业"部分曾经引述；并州（太原）无大蒜，须得向朝歌（河南淇县）取种，同样是一种变异。《齐民要术》一书谈到了许多植物和动物的选种技术。在谈到羊时说："常留腊月，正月生羔为种者上，十一月、二月生者次之。"关于猪，则是"短喙无柔毛者"作母猪为佳。关于蚕，则"必取居簇中者；近上则丝薄，近地则子不多"。一般认为，西汉《氾胜之书》、后魏《齐民要术》所载选种方法，基本上是属于混合选择法的，它是从培育较久并已形成了不同类型的品种群体中，选择出优良个体，令其互相交配，繁殖后代，其优点是简单方便，有时也能在较短时间内区分出优良品种来。此期对杂交优势的利用也十分注意。《齐民要术·养马》篇云："以马覆驴所生骡者，形容壮大，弥复胜马"。我国古代对杂交优势的利用始见于先秦时期，之后便一直被沿用下来，明代宋应星在《天工开物》中关于家蚕杂交的利用便把这一技术发展到了更新的阶段。

以上谈到了我国古代生物学方面的一些主要成就。此外，在微生物的利用、昆虫的利用等方面，也是很值得注意的，因有的在本书"农业"和"化学"部分已经涉及，加之篇

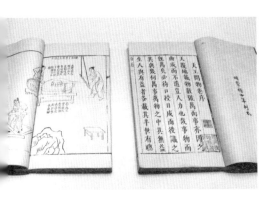

《天工开物》

《天工开物》是关于农业和手工业生产的综合性著作，是一部百科全书式的著作。它是中国科技史料中保留最为丰富的一部，外国学者称《天工开物》为"中国17世纪的工艺百科全书"。

幅所限，此不赘述。

5. 两种有代表性的生物学著作

《南方草木状》。区域性植物志。旧题晋永兴元年（304）嵇含（263—306）著。由于多种原因，关于它的作者和成书年代，学术界是存在不同看法的[①]。我们认为虽有后人增补，但它大体上反映了晋代的风貌。该书记述的主要是广东番禺、南海、合浦、林邑等地的热带、亚热带植物，其中有少数是外国引进的，凡 80 种。作者详细地描写了有关植物的形态、生理环境、产地、用途等，保存了许多珍贵的资料。其中大多数与当今知道的种类相符。此外，该书最值得注意的是如下三点：①最先将柑、橘合为一种。云"柑，乃橘之属"。②最先记载了利用惊蚁来防治柑虫害的方法。利用天敌防治虫害的思想，在西方始见于 1877 年德国哈提（Hartig）的著作。③首次记载了三国吴时已有实物绘图的事实。该"水蕉"条说，"水蕉如鹿葱，或紫或黄。吴永安中，孙休尝遣使取二花，终不可致，但图画以进"。《南方草木状》是我国现存最早植物志之一，在世界植物学史上占有重要的地位。

《竹谱》。竹属植物专著，初见于《隋书·经籍志》，但不署作者。《旧唐书·经籍志》入农家类，题为戴凯著，但未题年代。南宋左圭辑《百川学海》时题戴凯为晋人，今人考订戴凯为刘宋人。该书以四言韵文的形式记载了竹子形态、种类和产地，凡 70 余种，多与今南方竹类相符。

---

① 刘昌芝：《试论〈南方草木状〉的著者和著作年代》；苟萃华：《也谈〈南方草木状〉一书的作者和年代问题》；梁家勉：《对〈南方草木状〉著者及若干有关问题的探索》；罗桂环：《关于今本〈南方草木状〉的思考》。分别见《自然科学史研究》1984 年第 1 期、1984 年第 2 期、1989 年第 3 期、1990 年第 2 期。

六

医学

中国医学有着悠久的历史和辉煌的成就。它是我国各族人民在生产、生活以及同疾病作斗争中所积累的丰富经验的总结。在先秦和秦汉时期，从《黄帝内经》到《神农本草经》和《伤寒杂病论》，中国医学家已经建立起一套理论与实践密切结合的完整的中国传统医学体系。魏晋南北朝时期，中医学的基础理论和治疗经验，又有了明显的进步，出现了一批医术高明的著名医家和各有特色的医学名著。其中如王叔和《脉经》，皇甫谧《针灸甲乙经》，葛洪《肘后备急方》，陶弘景《本草经集注》，雷敩《雷公炮炙论》，龚庆宣《刘涓子鬼遗方》，陈延之《小品方》等，都在中国医学史上起过重要作用，并且流传至今仍有重要的参考价值。在这一时期，中国医学家不仅对《内经》《伤寒杂病论》《神农本草经》等中医典籍进行了影响深远的整理研究工作，而且在中医理论、诊断学、病因学、针灸学、本草学、方剂学以及临床各科实践等方面，取得了一系列的杰出成就，从而充实和发展了中国传统医学体系，并为隋唐时期中医学的全面兴盛奠定了基础。

（一）《内经》和《伤寒杂病论》的整理与研究

《黄帝内经》成书之后到南北朝时期，已历经近千年的流传。这部中医典籍文字古奥难懂，而战火、虫蛀、脱简散乱及传抄之误，又给该书内容的完整性和科学性带来巨大损害，因此很需要进行一次认真的整理和予以必要的注释。据今所知，最早进行这项工作的是六朝时齐梁间医学家全元起。全元起，生平不详，曾任太医侍郎，医术高明，有"一时慕之如神，患者仰之，得元起则生，舍元起则死"的誉论[①]。他对《内经》有较深入的研究，撰有《素问训解》8卷。此书在南宋时已佚。但宋代医学家林亿校订《黄帝内经素问》时，曾参考了全元起的注本，同时吸收了其中的许多内容，并将其编次附于校正本之下。因而《素问训解》的部分内容，由于林亿《重广补注黄帝内经素问》的引用而得以保存下来。如全元起解释《素问》说，"素者，本也；问者，黄帝问岐伯也。方陈性情之源，五行之本，故曰'素问'"，全氏注本是《内经》的最早注本，所以其现存的部分佚文，对于了解《内经》的有关论述仍有重要的参考价值。

东汉张仲景撰成《伤寒杂病论》，最初流行并不广泛，且成书不久因兵火战乱而有所散失。魏晋间著名医学家王叔和对仲景书极为重视，并最早进行了加工整理工作。他为了便利读者检阅诵读，对《伤寒杂病论》加以整理编次，分为《伤寒论》与《金匮要略》两部。前者专论传

① 陈邦贤等：《中国医学人名志》引《古今医统》，人民卫生出版社1955年版。

染性疾病的辨证论治，后者专论一般杂病的脉因证治。由于王叔和距张仲景生活的时代很近，且与其弟子卫汛有所交往，所以他们整理的仲景书是接近原貌的。同时，他对张仲景的论述如脉、证、方、治等方面还有深入的研究和发展。一般认为，现行成无己本《注解伤寒论》中的"辨脉法""平脉法"和"伤寒例"三篇及书后"辨不可发汗病脉证并治"以下八篇，均系王叔和所增。将这些篇章内容与其所著《脉经》有关诸篇相互参校，证明这种说法是有道理的。在此诸篇尤其是后八篇中，王氏突出地贯彻了仲景治法和辨证论治的精神，将仲景所用汗、吐、下、温、刺、灸、水、火诸法加以分类比较，很切合临证运用。对于王叔和在整理和研究《伤寒杂病论》方面所做出的贡献，历代医学家多予以较高的评价。例如，晋代皇甫谧认为"近代太医令王叔和，撰次仲景，选论甚精"①。宋代以校勘医学文献而著名于世的林亿、孙奇等认为，自仲景于今，800 余年，"惟王叔和能学之"②，可谓推崇备至。金代成无己是以整理注解《伤寒论》而闻名于医界的名家，他称赞"仲景伤寒论得显用于世，而不堕于地者，叔和之力也"。③然而明清以来，有些学者如方有执、喻嘉言等，对王叔和的此项工作有所非议，主要批评他"碎剪美锦，缀以败絮"，在仲景书中杂以己言，且编次、序例等多有谬误④。与之相对，则有张遂辰、徐灵胎等为王叔和辩解说"不有叔和，焉有此书"⑤。平心而论，王叔和对《伤寒杂病论》进行加工整理，并析为《伤寒论》与《金匮要略》两书，对这部医学典籍的流传和仲景学说的发展，有着不可磨灭的功绩。

---

① 皇甫谧：《黄帝针灸甲乙经》自序，人民卫生出版社 1956 年版。

② 林亿等：《伤寒论序》，见《注解伤寒论》，人民卫生出版社 1963 年版。

③ 参见严器之《注解伤寒论序》，同上。

④ 参见丹波元胤《中国医籍考》，人民卫生出版社 1956 年版，第285—287页。

⑤ 徐灵胎：《医学源流论》卷下，"伤寒论"条。

（二）王叔和《脉经》与中医诊断学

王叔和是魏晋时期的著名医学家，名熙，高平（今山东微山县西北）人，约生活于公元3世纪，曾任太医令，生平不详。《名医录》说他性情沉静，博通经史，穷研方脉，精意诊切，洞识修养之道。王叔和除了整理张仲景《伤寒杂病论》之外，还撰有《脉经》一书，对疾病诊断水平的提高做出了重大贡献。脉诊是中医诊断疾病，确定预后的一种独特方法，是中医诊断学"望、闻、问、切"四诊的重要组成部分。我国医学中的脉诊起源很早，经春秋战国到秦汉时期，人们在这方面已经积累了相当多的经验，《内经》、《难经》、扁鹊、淳于意、涪翁、华佗、张仲景等对脉学都有精彩的论述。但是总的说来，这些有关脉学的知识和论述还比较零散，缺乏系统的整理和总结。王叔和集前人脉法并结合自身多年临床切脉的丰富经验，编撰成《脉经》一书[①]。这是中国也是世界上现存最早的脉学专著。全书共10卷。原有"手检图三十一部"，今已亡佚。

王叔和指出"脉理精微，其体主辨"，"在心易了，指下难明"，脉诊的困难性和复杂性主要在于如何区分脉搏跳动的细微差别及如何判断各种脉象与所反映的病证之间的关系。他在《脉经》中根据前人经验和个人体会将脉象分为24种，即浮、芤、洪、滑、数、促、弦、紧、沉、伏、革、实、微、涩、细、软、弱、虚、散、缓、迟、结、代、动。这基本上概括了临床上经常出现的一些脉象，成为后世辨脉的标准，后来的脉象种数虽有所增加，如明代李时珍《濒湖脉学》分脉为27种，李中梓《诊家证眼》分脉为28种，只不过是对王氏脉学稍有补

---

① 王叔和：《脉经》，人民卫生出版社影印（元）广勤书堂本，1956年。

充而已。同时《脉经》中还按切脉时的指下感受对各种脉象作了比较具体形象和容易体会的描述，以便于习医者理解和掌握。王叔和还进一步指出，有些脉象虽极为相似，但实际上并不相同，如滑脉"流利展转"而数脉"来去促急"，沉脉"举之不足，按之有余"而伏脉"极重指按之，著骨乃得"，于是将滑与数、沉与伏、浮与芤、弦与紧、革与实、微与涩、软与弱、缓与迟等八组相似脉象，仔细加以区分，以防临证时误诊。《脉经》的另一贡献是进一步确立了《难经》提出的寸口脉法。王叔和以前的医生脉诊时，大多运用《内经》所载的三部九候法，即在人体的头部、手部和足部各选取"天地人"三处邻近的脉运部位进行切脉。《难经》脉法与此不同，其诊断仅取用寸口脉（即手腕部桡侧动脉）的"寸关尺"三部及"浮中沉"九候。但因这种脉法尚未能与脏腑学说联系起来，所以并未在医家中推广应用。王叔和进一步肯定和完善了寸口脉法。他确定出寸关尺三部脉位与心肝肺脾肾等相对应的脏腑分配原则，并从中医理论上对切脉可以独取寸口的理由给以解释，从而解决了寸口切脉的关键问题，推进了独取寸口脉诊法在临床中的实际应用。这种方法为后世医家所普遍遵循。《脉经》还全面地论述了与脉学有关的各种问题，如脉象的阴阳、逆顺、寒热、虚实、生死的辨别，人体脏腑的生理脉象和病理脉象同各种病征之间的关系，自然界变化对脉象的影响，各种疾病的脉征、妇人脉征以及小儿脉征的特点等。此外还应说明的是，王叔和在《脉经》中并未过分强调脉诊的作用，而是主张脉征合参，四诊并用，注意在阐明脉理的基础上联系临床实际，将脉、征、治和预后等统一起来，从而使《脉经》成为以脉学为中心包含生理、病理、诊断和治疗等多方面内容的一部综合性医书。

《脉经》奠定了中医脉学诊断的基础，同时也对世界医学的发展产生了重要影响。例如，公元八九世纪，阿拉伯医学兴起，10世纪前后阿拉伯医学与中国医学形成世界上并立的两大医学体系。但阿拉伯医学中有关脉学的内容，有不少是直接引进中国脉学或在此基础上丰富发展起来的。如阿拉伯医学之父伊本·西那（即阿维森纳，980—1037）著有《医典》，其中关于脉学的资料即采自《脉经》。其后波斯学者兼医生拉施德丁·哈姆达尼（1247—1318）曾主持编纂一部中国医学百科全书，名为《伊儿汗的中国科学宝藏》，书中包括脉学内容，并附有切脉部位图，其中特别提到了王叔和的名字。《脉经》早在公元6世纪就已传至朝鲜、日本等国。公元8世纪初，日本颁布大宝律令，医药方面基本上仿照唐制，其中规定《脉经》是医生必修的课程之一，其后日本医学家编辑《大同类聚方》一百卷，其脉学内容也主要是采自《脉经》。中国脉学早已经由阿拉伯传到了欧洲。17世纪后，《脉经》又相继被译成多种文字在欧洲流传，对现代医学的发展做出了贡献[①]。

在中医诊断学方面，除脉诊所取得的成就外，这一时期还出现了另外一些新的诊断方法，如病理解剖诊断技术等。《南史·顾恺之传》记有安徽濉溪一位名叫唐赐的人，因病临终时嘱咐妻子，死后作尸体解剖以求病因。后来，其妻按遗言解剖，却为统治者以妻"不道"，子"不孝"的罪名而惨遭杀害，同时也扼杀了可贵的科学与求实的精神。《梁书·庾黔娄传》记有黔娄尝父便甜苦，以判断父病的预后吉凶。此举虽不卫生，然而对我国后来诊断糖尿病以尿甜为依据提供了重要的启示。

（三）皇甫谧《针灸甲乙经》与针灸学的整理和提高

皇甫谧（215—282）是魏晋时期的又一位著名学者和医学家。幼名静，字士安，自号玄晏先生，安定朝那（今甘肃灵台县朝那镇）人，

---

① 王吉民：《祖国医药文化流传海外考》，《医学史与保健组织》1957年第1期。

幼年时曾过继在叔父门下，并随叔父迁居新安（今河南渑池县），40岁时婶母病故，堂弟长大成人，遂还本宗。皇甫谧年少时不爱学习，游手好闲。在婶母任氏的严厉责备和恳切开导下，他深受触动，于20岁时开始发愤读书，废寝忘食，苦读不已，即使参加农业劳动，也要带上书籍去看，后来得了严重的风痹病，仍然手不释卷。经过多年努力，他终于博通经史，识见高卓，成为当时学术界一位颇负盛名的学者。皇甫谧勤于著述，无意仕途，魏晋时期的统治者曾多次征召，请他出来做官，但都被他婉言谢绝。他在文史方面的著作很多，如（《帝王世纪》《年历》《高士传》《逸士传》《列女传》《玄晏春秋》等，并重于世。皇甫谧半生多病，尤其是中年时患有严重的风痹症，以至半身麻木，右腿肌肉萎缩。后来又服用丹药"寒食散"（五石散）中毒，反应强烈，痛苦不堪，甚至想自尽以求解脱，幸为婶母劝止而免于一死。为治病救人和自我治疗，他花费了很多精力从事医学研究，亲自试验针法、药性，并撰有多种医学论著，如《针灸甲乙经》《依诸方撰》（已佚）等。因曾亲受服石之苦，撰《寒食散论》一卷，用事实说明迷信炼丹服石的危害性，可惜未流传下来，仅在隋巢元方《诸病源候论》中保存了部分内容。

皇甫谧的医学代表作是《黄帝三部针灸甲乙经》，亦称《针灸甲乙经》，简称《甲乙经》。针灸学是中医学中独特的治疗技术，简便易行，疗效显著。皇甫谧在研读针灸书籍过程中，发现前人著作"文多重复，错互非一"，于是以《素问》《针经》（即《灵枢》）和《明堂孔穴针灸治要》三部著作的有关内容为基础，参照历代医学家有关论述并结合自身经验，"使事类相从，删其浮辞，除其重复，论其精要"[①]，编撰成《黄帝

① 皇甫谧：《针灸甲乙经》自序，见山东中医学院《针灸甲乙经校释》，人民卫生出版社1979年版。

三部针灸甲乙经》一书。这是我国现存最早的针灸学专著，也是针灸学的经典著作。《针灸甲乙经》全书 12 卷，共 128 篇，系统地整理和总结了晋代以前的针灸学成就，并且有所创新。其内容可大致分为两类。第一类是介绍中医学特别是针灸学的基本理论和诊治方法，对于人体的生理、病理、腧穴总数、部位、取穴、针法、适应证、禁忌证等，都进行了较系统的论述。第二类则为临床治疗部分，包括内外妇儿各科，尤以内科为重点。《针灸甲乙经》在纠正前人经穴纷乱的现象，统一针灸经络穴位，探讨针灸治疗的适应证和禁忌证等方面，都取得了显著的成就。中国针灸穴位经该书整理后，其总数已达 654 处，其中单穴 49 个、双穴 300 个，穴名共 349 个。分布于全身 14 条经脉线上，称为经穴。后世所发现者，则称为经外奇穴。他对前人记述穴位有误之处，经考证确认后则予以修改。如"中脘"是治疗胃病的重要穴位，前人说在脐上三寸，但中脘至脐隔有建里、下脘、水分三穴，每两穴相距一寸，所以皇甫谧将其改为脐上四寸。现在取中脘穴时，都是依据他所确定的位置。此外，他还将全身的穴位按头、面、项、胸、腹、四肢等解剖部位重新排列，创用了便于人们辨认和掌握的取穴方法。皇甫谧关于取穴方法、针刺手法、疾病主治、禁忌等方面的理论及经验，都为历代医学家所遵循，成为后世针灸学家临床治病和撰著医书的指南。《针灸甲乙经》不但是我国发展针灸学的重要典籍和培养针灸医师的教材，而且也是日本、朝鲜等国医学教育的教科书，并有英法等国文字译本在欧洲流传，国际针灸学会还把它列为学习针灸学的必读之书，从而对针灸学的发展产生了深远的影响。

（四）葛洪《肘后方》及其对医药学的贡献

葛洪（283—343）是晋代著名的炼丹家和医药学家。字稚川，自号抱朴子，丹阳句容（今江苏句容）人。13岁丧父，家境清贫而好学，每以砍柴所得，换取纸笔，日间劳动，夜晚抄读。他经常外出寻书问义，甚至不远千里崎岖跋涉，以达到求学的目的，从而精通经史，兼通术数。从祖葛玄，以丹术闻名，世称葛仙公，其术传方士郑隐。葛洪师从郑隐，研习道书和炼丹术著作，并从此开始信奉道教。西晋末年，葛洪曾一度参与镇压农民起义，任将兵都尉、伏波将军等职。后到南方避乱，为广州刺史嵇含参军。为精于炼丹，又拜南海太守鲍

孙思邈

孙思邈是唐代医药学家、道士，被后人尊称为"药王"。他不断走访民间，终于完成了《千金要方》。唐高宗显庆四年（659），他完成了世界上第一部国家药典《唐新本草》。

靓（字太玄）为师，使丹法、医术更加精进。鲍靓很器重葛洪，并将女儿鲍姑嫁洪为妻，鲍姑擅长针灸，是我国历史上见于记载的第一位女针灸医家。此后，他返归故里，潜心修行，勤于著述。东晋初年，曾受封关内侯，任咨议参军等。东晋成帝以后，政府多次任以要职，但葛洪志在专心治学，皆固辞不就。晚年欲往交趾（今属越南）寻求丹药原料，又赴广州，为刺史邓岳所劝阻，于是隐居于罗浮山。现广东罗浮山尚存葛洪炼丹时所用之洗药池等胜迹。葛洪一生著述宏富，撰有《抱朴子内篇》20卷，《抱朴子外篇》50卷，《神仙传》10卷，《玉函方》（《晋书·葛洪传》称《金匮药方》）100卷及《肘后备急方》3卷等，史籍有载《西京杂记》亦为葛洪托名汉代刘歆所著。

　　葛洪在热衷于炼丹术的同时，勤奋地钻研医术，造诣极高，可说

是东晋时期创见最多对我国医学贡献最大的医学家。他编著医书，先成《玉函方》100卷，此书已佚，内容难以详知，但其篇幅宏大，显然是一部集医疗经验之大成的巨著。同时，他考虑到以往的一些备急之作，"既不能穷诸病状，兼多珍贵之药"，对于"贫家野店"，是难以立办的，于是在百卷巨著《玉函方》的基础上，收集各种简便易行的医疗技术和单验方，又编撰成《肘后备急方》3卷（后世整理成8卷）。《肘后备急方》，又名《肘后救卒方》，简称《肘后方》，可作医家随身携带以备救急之用，所以近世有人称之为中国最早的"医疗急救手册"。该书选方精良，方中"率多易得之药"，即使须买者，"亦皆贱价草石，所在皆有"，灸法也是"凡人览之，可了其所用"①，具有很强的实用性和群众性。这是该书的特点，也是它一直为后世所重而能长期流传不衰的根本原因。《肘后备急方》后经梁代陶弘景，金代杨用道等增补，曾改名为《肘后百一方》《附广肘后方》等。

《肘后方》的内容主要是急性传染病，各脏腑慢性病以及外科、儿科、眼科和六畜病的治疗方法，同时对各种疾病的病因、症状也都有所叙述，特别是对一些传染病和寄生虫病的症状和预防及治疗作了正确的论述，达到了相当高的科学水平。例如，关于天花这种烈性传染病如何传入中国和流行情况、发病之症状、传染性质及预后等，都有相当确切的描述和记载；又如，关于沙虱病的论述和防治措施，始用沙虱幼虫虫屑内服或外敷以防治恙虫病；再如，用狂犬脑外敷被咬伤口以预防狂犬病的发作；等等。都是免疫学史上极重要的创造，为人类战胜天花、狂犬病、恙虫病等提供了可贵的思想启迪。我国发明的人痘接种术预防天花，法国微生物学家巴斯德从狂犬脑提取狂犬病毒制备防治狂犬病疫

① 上引均见葛洪：《肘后备急方》自序。

苗，美国病理学家立克次从恙虫体分离出立克次体并制备疫苗以防抬恙虫病等，这些 16 世纪、19 世纪和 20 世纪初的重大成就，都可以说直接或间接地与葛洪的重要发现和精辟论述有关，同时也是对葛洪医学成就的充分肯定①。对于危害人类健康的疟疾，《肘后方》对其种类和症状也有较详细的记载，并开列 30 多首治疗方剂，其中多次用到的"常山"，已被现代证实确实是一种抗疟特效药。葛洪还提出用青蒿治疟，这种方法不仅在当时有实用价值，而且成为我国研制青蒿素的线索，由此发明了一种高效、速效和低毒的抗疟新药。此外，葛洪对其他多种急、慢性传染病和寄生虫病的记载，如出血热、黄疸性肝炎、结核病、血吸虫病、痢疾、马鼻疽等，也都很有价值，甚至是我国医学文献中或世界医学史上的最早记载。他对脚气病的症状描述也很简练精当，所开列的大豆、牛乳、蜀椒和松叶等，含有丰富的维生素 B，都是治疗脚气病的效果较理想的药物。他所载录的捏脊疗法，食道异物疗法，食物和药物中毒疗法，也都简便有效，至今仍在医院特别是在民间常用的独特的治疗技术和急救方法。

（五）丰富多彩的方剂学著作和陈延之《小品方》

魏晋南北朝时期，名医辈出，总结经验、著书立说之风也很盛行。根据《隋书·经籍志》所载，这一时期医学家所著医药方书近百种，除《肘后方》外，其中在当时，及后世有明显影响的，如陈延之撰《小品方》12 卷，范汪撰《范东阳方》176 卷，姚僧垣撰《集验方》10 卷，徐叔响撰《杂疗方》22 卷等等，都是有着较高水平的佳作。此外，还出现了不少内外妇儿及一些专科的医方专著。这些医方著作大多真实地

---

① 李经纬：《中国古代医学科学技术发明举隅》，见《中国中医研究院三十年论文选》，中医古籍出版社 1985 年版。

记载了著作者本人的宝贵经验，在隋唐时期仍广泛地流传着。例如，上面提到的陈延之《小品方》。隋唐时期太医署明确规定《小品方》为必须讲授的教材。《小品方》还曾传入日本，在日本医学教育中，因列为医学教材而被传诵。我国隋唐及后世医家的综合性著作，对《小品方》也多有引用。可惜的是，这些医方书籍后来几乎全部散佚，仅由于孙思邈《千金方》，王焘《外台秘要》等引用较多而尚能窥其梗概。

陈延之，生平不详，其所撰《小品方》，即《经方小品》，共12卷，早已佚失。1985年日本学者于日本尊经阁《图书分类目录》医学部中发现《经方小品》残卷。经研究确系陈延之《小品方》第一卷抄本。根据这一发现可大体了解《小品方》的主要内容：第一卷有序文，总目录，用药犯禁诀等，第二到五卷为渴利、虚劳、霍乱、食毒等内科杂病方，第六卷专论伤寒、温热病之征治，第七卷为妇人方，第八卷为少小方，第九卷专论服石所致疾病之征治，第十卷为外科疮疡骨折损伤等，第十一卷为本草，第十二卷为针灸等[①]。仅用十二卷书就高度概括了当时医学各科常见病的征治，它所反映的分科论述方法也是前所未见的。据陈延之自己讲，《小品方》共参考了18种300多卷前人著作。他编写此书的目的，并非是作为专门医生的参考书，而是向群众普及医药救急知识，以及提供青少年开始学习医学的入门读物。《小品方》不仅作为中国和日本的医学最高学府的必修教材而影响很大，而且，中国著名医学家孙思邈、王焘，日本著名医学家丹波康赖等都从中吸收了不少资料。如丹波康赖《医心方》曾引用《小品方》"疗自缢方"，王焘《外台秘要》曾引用其"疗入井塚闷死方"等。其中关于利用动物实验以判断井塚中有毒与否的论述，有很高的科学水平，可说是在实验诊断技术

① 李经纬、李志东：《中国古代医学史略》，河北科学技术出版社1990年版。

方面的较早成就。这种方法也一直是我国历代医家用以探明枯井、深塚和矿井、山洞有无毒气的可靠方法。

（六）世医徐之才与中医方剂学的发展

在中国医学史上有许多父子相传世代业医的医学世家。历代统治者都很重视世医，《仪礼·曲礼下》就已有"医不三世，不服其药"的说法，普通群众对世医也更为信任。世医掌握世代相传所积累的丰富经验，在诊治疾病方面会有种种独到之处，因而受到人们重视是很自然的。于是，"世医"也常常成为评价医生医术的一个重要条件。徐之才，字士茂，是北魏和北齐时的著名医学家。徐氏六代以医相传，是魏晋南北朝时期极有名望的医学世家。先祖徐熙，好黄老之学，精医术；从祖徐謇、祖父徐文伯均以医术著名于时，且擅长炼丹术，颇得统治者赏识；父徐雄，亦以医术见称于江南一带；之才兄弟等也均以医术闻名。徐之才在北魏和北齐时多次担任重要官职，但其主要业绩仍在于医学。他聪明过人，博学多才，治病每多奇效，尤其对药物方剂之组成原则和方法颇有研究，曾详加修订《药对》等书，在药物炮制加工和总结吸收前代方剂学精华方面，有着显著的贡献。例如他总结和发挥的中医学"七方十剂"中有关"十剂"的理论和经验，对后世有重大影响。所谓"七方"，即大、小、急、缓、奇、偶、复等七方；所谓"十剂"，即宣、通、补、泄、轻、重、滑、涩、燥、湿等十剂。方剂分类的原则主要是根据其具体功用，如：宣剂，宣可去壅，生姜、橘皮之属；通剂，通可去滞，木通、防己之属；补剂，补可去弱，人参、羊肉之属；等等。这种统一的按方剂功用分类的方法，结合陶弘景按药物功用分类的"诸病通用药"，不仅给处方用药带来很大方便，而且使中医学在临床处方的药物调遣和配伍原则的掌握上，有了一个更为科学的新规律可循，所以一直为后世医家所乐于采用。徐之才除对中医方剂学有所发展外，对妇产科学也很有研究，特别是对产科的产期卫生、胎儿发育等都有所创见。他的方剂学著作有《家传秘方》《徐王八世家传效验方》《小儿方》等。

（七）陶弘景《本草经集注》与本草学的发展

《本草经集注》
由南北朝陶弘景著，在中药理论体系发展历程中起到了承前启后的重要作用。

魏晋南北朝是我国本草学史上有着重要贡献的时期之一，其代表人物即南朝齐梁时的著名学者、炼丹家和医药学家陶弘景。陶弘景（456—536），字通明，自号华阳隐居，丹阳秣陵（今江苏江宁）人。自幼勤奋好学，四五岁时就坚持以荻作笔画灰习字。十岁得葛洪《神仙传》，昼夜研读，深受道家思想影响，青年时又向孙游岳学习道家符图经法，游历名山，寻师访药，后来成为对道教发展颇多建树的道家学者。他以"一事不知，以为深耻"的精神勉励自己，读书万余卷，学识渊博，不仅对文史研究成绩卓著，而且在天文、历法、地理、博物、数学、医学、药学、冶金学和炼丹术等方面，也都有很高造诣，取得了不少令人瞩目的成就。齐高帝萧道成在刘宋为相时，曾引荐他为诸王侍读，后又任奉朝请，但他"虽在朱门，闭影不交外物，唯以披阅为务"①，无意官场交际，仕途升迁。在南齐永明十年（492）37岁时，他辞去官职，隐居于江苏句容的茅山（句曲山），专事著述和炼丹。陶弘景与梁武帝的关系比较密切，武帝曾多次礼聘他出山为官，均被辞绝。但他虽然隐居山中，梁武帝遇有大事仍要与他相商，所以有"山中宰相"之称。晚年又对佛家思想产生浓厚兴趣，曾自誓受佛门五大戒。陶弘景一生珍惜时间，勤于著述，作品多达80余种数百卷，涉及儒家、道家、自然科学与技术等多方面内容。其中与医学有关的著作有《肘后百一方》《本草经集注》《效验方》《养性延命录》等。

《神农本草经集注》，亦称《本草经集注》，是陶弘景医学著作中的代表作。自东汉时《神农本草经》问世以后，历代医药学家一直把它视为药物学经典。这部著作流传到陶弘景所处的时代已有四个多世纪，经过辗转传抄，药品时有增减，并且还在药物性能和分类等方面出现了不少错误。这种情况引起了一定程度的混乱，并产生了不良影响，因而有必要对其进行一次认真的整理工作。当然，这一工作是相当困难的，陶弘景为此付出了很大的力量。经过多年努力，陶弘景在长期从事采药炼丹和医疗实践所积累的丰富经验的基础上，又进行了许多新的调查研究，对《神农本草经》作了仔细的整理和校订，编撰完成《本草经集注》七卷，从而对我国本草学的发展做出了重大贡献。陶弘景撰著《本草经集注》的突出成就主要有以下几个方面：他不仅整理和校订了《本经》收录的365味药，而且又根据名医所录选增了365味药，合为730种，使药物数量增加了一倍。并且凡属《神农本草经》的内容用朱笔书写，后加的内容用墨笔书写，体现了其治学态度的认真和严谨，也保存了《神农本草经》的原来面貌。《本草经集注》的另一成就是改进了《神

① 《梁书·陶弘景传》，中华书局1983年版。

农本草经》按上、中、下三品分类的方法。在《神农本草经》中，上品"主养命以应天"，多属毒性小或无毒的补养类药物；中品"主养性以应人"，有些有毒，有些无毒，多属补养而兼有治病作用的药物；下品"主治病以应地"，其中有毒的居多，不可久服，多属除寒热，破积聚等攻治疾病的药物。这是一种比较原始的分类方法，明显带有方士服食思想的痕迹，就医疗实践而言，既不便于药物特性的掌握，也不便于医家的寻检。于是，陶弘景按药物的自然来源和属性制订出一种新的分类法，把730味药分成玉石、草木、虫鱼、禽兽、果菜、米食及"有名无用"等七大部。这种分类法是中药分类的一次重大进步，后世一直沿用1000多年，对我国药物学的发展产生了深远的影响。后来唐代苏敬等《新修本草》和明代李时珍《本草纲目》的分类法都是在此基础上发展起来的。陶弘景还创用一种"诸病通用药"的分类体例，以病症为纲，将治病效果相同或作用近似的药物归纳在一起加以介绍，共分80多类。这种分类方法，是很有实用价值的，尤其是为医生们临床处方用药时寻检适当药物提供了方便条件，并且开创了后世按药物功用分类的先河。在《本草经集注》中，他还在药物产地、采集时间、形态鉴别、炮制加工和贮存方法以及临床应用经验等方面，补充了许多新的内容并增加了有关的科学论述，其中大多是保证药物质量和提高药效的重要资料。此外，陶弘景还考订统一了药用度量衡制，规定了汤剂、酒剂、丸散及膏药的制作规范，这在药剂学上具有很基本的和重要的意义。他关于药味与药性的见解以及他所提出或载录的一些治疗上有特效的药物，等等，也都是《本草经集注》中对后世有相当影响的精彩内容。例如，他首先提出槟榔可治疗"寸白"（绦虫），肯定茵陈治黄疸，栝蒌治"消渴"（糖尿病）等，其中的槟榔、茵陈、栝蒌等至今仍是常用的药物，现代临床用以治疗心血管疾病取得良好效果的苏合香等，也是由陶弘景首先收录本草著作的。《本草经集注》是继《神农本草经》之后，关于中医药物学的又一次全面地和系统的总结和提高，这项工作曾得到梁武帝的支持和赞助，因此有些药物学家认为，这部著作是中国医学史上的第一部药典，给予了极高的评价。《本草经集注》原书已佚，但其主要内容仍保存于《证类本草》和《本草纲目》等书，20世纪初还曾在敦煌石窟发现该书唐以前的写本残卷，近人已出版《本草经集注》辑佚本数种，基本上反映出了陶氏著作的原貌。

（八）《雷公炮炙论》与药物炮制法的成就

药物炮制是中国传统的生药加工技术，药物经炮制后，可以减低毒副作用，易于发挥药性，提高疗效，或便于保存使用，因此受到我国历代医家的重视。魏晋南北朝时期，我国的生药炮制技术也有了明显的进步，其中最重要的工作当属雷敩所撰写的《炮炙论》。雷敩，生平不详，约生活于公元5—6世纪，是南朝刘宋时期的医学家。雷敩所撰《炮炙论》，对于前人和当时的生药炮制技术作了全面的和系统的总结，是我国最早的药物炮制技术专著。《炮炙论》原著已佚，其主要内容因被《经史证类备急本草》等后世诸家本草书所引录而得以保存，清代和近人有辑佚本，名为《雷公炮炙论》。

《雷公炮炙论》共三卷，上卷为玉石类，中卷为草木类，下卷为兽禽虫鱼果蔬米类，全书共收药300种。书中详细地记述了各种生药的加工处理方法[1]，包括药物的鉴别、净制、挑选、粉碎、淘洗、干燥和炮炙等，内容相当丰富，并且有不少独特的和简便易行的处理方法。例如，以药物鉴别为例，桔梗与木梗很相似，但木梗味腥涩，而桔梗味苦

---

[1] 洪武娌：《雷敩》，见杜石然主编《中国古代科学家传记》（上集），科学出版社1992年版。

辛，用口尝试即可鉴别。又如莨菪与莨菪子也很相似，但用牛乳汁浸泡一夜，次日如牛乳汁呈黑色，即可验知莨菪。该书的主要内容是药物炮炙，书中提到的有蒸、煮、炒、焙、炙、炮、煅、浸、酒浸、醋浸、水飞等17种加工制作方法，并对每种制法作了详细的介绍。例如炒法，大多拌有他物共炒，如拌糯米共炒、拌盐共炒、拌羊脂共炒等；煅法是将生药放入火中烧红，一般多用于加工矿物药；浸法是将生药用水或盐水、蜜水、米泔水或其他生药汁浸泡等。这些加工方法不仅是医家和民间长期用药经验的总结，而且大多符合一定的科学道理。如巴豆是有毒药品，所含毒性蛋白，有溶解红血球、使组织坏死的毒性作用。但经敲碎，以麻油并酒共煮再研膏等炮制处理后，其有效成分巴豆油可部分溶于油中发挥药效，而巴豆所含的毒性蛋白则被破坏，不致产生有害的副作用。此外，《雷公炮炙论》还指出了在药物加工处理方面应该注意的一些问题。如雷敩注意到铁与有些生药放在一起会使生药变色，因为药中所含的成分会与铁发生化学反应，所以加工知母、商陆、茜草、五味子等，忌用铁器。又如加工槟榔、茵陈等，因为这些药物含有挥发性物质，所以不可用火处理。《雷公炮炙论》是一部重要的中医制药学典籍，它推动了中药炮炙加工技术的科学化、系统化和规范化，为后世药物炮制学的发展奠定了良好的基础。书中所载录的中药鉴别和加工处理方法也很有实用价值，其中一些方法至今仍在使用。

（九）龚庆宣《刘涓子鬼遗方》与外科学的进步

魏晋南北朝时期，战乱频繁，外科之伤残与感染性疾病大为增加，客观上促进了外科学和外科手术的发展。我国现存最早的外科学专著《刘涓子鬼遗方》即成书于此时。该书作者可能是刘涓子，经龚庆宣整理编次为十卷而流传于世，现传本仅五卷。龚庆宣是南齐时人。据龚氏序可知，刘涓子为晋末和刘宋时人，曾随同宋武帝北征，夜射"黄父鬼"而得其所遗医方书，故名《刘涓子鬼遗方》。龚序提到，刘涓子为随军医生，用该书处方治病，"千无一失"，并谓"有被创者，以药涂之即愈"。该书内容包括有战伤、痈疽、疮疖、瘰疬、疥癣，各种化脓性感染以及其他皮肤病等。其治疗技术载有止血、止痛、解毒、收敛、镇静等内、外治法处方140多个，所用药物也以富有抗菌、消毒作用的黄连、大黄、水银等为最多，而且配制成软膏等剂型。该书所提倡的早期治疗的先进思想，也很有价值。在这一思想指导下，该书强调痈疽早期诊断和治疗，但在脓已成时则应及时进行手术切开引流，对手术切开之部位也作了科学的论断。书中将活血化瘀法用于创伤外科，是很有创见的，这一主张至清代经过中医理论的论证，在后世的临床中得到广泛的应用。

外科手术治疗先天性畸形在这一时期也有了显著的进步。例如《晋书·魏咏之传》记载，咏之先天性唇裂（兔唇），曾往殷仲堪帐下名医求治。术后唇裂弥合，达到比较理想的治疗效果。这一唇裂修补术的成功是很出色的，反映了我国古代整形外科已达到很高水平，并居于世界的领先地位。此外，如目瘤摘除术、头部巨大肿瘤的手术切除等，也都达到很高水平，取得了令世人叹服的成功。

（十）医事制度、医学教育和中外医药学交流

魏晋时期的医事制度，实际上是沿袭了两汉的制度，医政仅由太医令来管理。到了南北朝时期，这种情况有所改变。由于医务活动的扩大，尤其是统治阶级自身对医药的需求，在南朝宋、齐、梁、陈及北朝北魏、北齐、北周等政府部门，又陆续增设了太医丞、藏药丞、典御、侍御师、太医博士、太医助教、尚药监、太医、小医、医正、主药等官

员。师徒传授是中医教育的传统方式，而学校式的医学教育则始于南北朝时期。刘宋元嘉二十年（443），太医令秦承祖奏置医学，以广教授，这是官方创办医学教育的开始。他还撰写了脉学、本草、方剂、针灸术、明堂图等方面的著作，以作为教学用书。北魏设置的太医博士、太医助教，从名义上看，也是从事医学教育的官员。为推广和普及医药知识，有些地方政府还组织人力整理医学典籍，编写简明精要的医学著作。如北魏孝文帝拓跋宏曾诏令李脩主编药方百余卷，宣武帝拓跋恪曾设置医馆，同时组织医工，对大量的经方，"寻篇推简，务存精要，取30余卷，以班九服，郡县备写，布下乡邑，使知救患之术耳"（《魏书·世宗宣武帝纪》）。以上这些虽然只不过是一些零散的措施，但却是隋唐时期完善的医事管理制度和医学教育体制以及由政府组织编写大型医药著作的开端。

中国与周边国家的文化交往有着悠久的历史。自从汉代丝绸之路开辟以来，这条陆上通道也基本上畅通无阻，因此，中外医药交流也很早就开始了。魏晋南北朝时期，这种交流又有所发展。如公元541年，朝鲜就曾邀请中国医师赴朝鲜看病。另一方面，朝鲜的医药知识也传入我国，陶弘景《本草经集注》中就记载了不少朝鲜出产的药物，如五味子、昆布、芜荑等。公元552年，我国曾以《针经》赠送日本，吴人知聪携带《明堂图》等医药书籍160卷赴日本，这是中国医学传入日本之始。三国时我国名医董奉曾到越南，治愈了交州刺史杜燮的重病，越南的药材曾传入我国，葛洪也曾打算到越南去采药炼丹。公元519年扶南（柬埔寨）遣使中国，其易货贸易中有中药郁金、苏合香、沉香等；印度等国也以中药琥珀、郁金、苏合香、珍珠等与我国交换；波斯更以琥珀、珍珠、朱砂、水银、薰陆、郁金、苏合香、青木香、胡椒、毕拨、石蜜、香附、诃黎勒、雄黄等与我国互易，这些都反映了这一时期东南亚、南亚和阿拉伯世界在与我国香药贸易上的兴盛情况，也反映了我国对这些香药等的大量需求和广泛用于临床治疗的情况。魏晋南北朝时期，虽然我国处于分裂和战乱状态，但医药方面与国外的交流较前代还是有着明显的扩大，从而也促进了中医学的发展。

七 / 结 语

前面谈到了魏晋南北朝科学技术发展的一般情况。此时期我国社会长时期处于分裂和动荡之中，战争、屠杀、饥饿、混乱，其科学技术却仍有一定发展，有些方面甚至取得了杰出的成就，这是个很值得研究的问题。本书概述部分亦曾提起过此事。我们认为，它至少与下列四方面因素有关。

1. 科学技术也和所有事物一样，它的发明和发展，主要是由其自身矛盾运动规律决定的，在其发展过程中，有高潮也有低潮，有质变也有量变，它们总是交互出现的。任何一件事物，都不可能不停地飞跃，不断地质变；同样不可能永远处于低潮，永远处于量变的阶段，而不发生质的飞跃。假若我们把魏晋南北朝各门科学技术的历史作一番分析，有些问题就会变得清晰起来。

从发展史的角度看，魏晋南北朝的科学技术约有三种不同类型。一是比较新的学科，如天然气开采、炼丹、陶瓷、造纸等，它们之中有的是刚刚发明出来的，有的虽在汉代便已发明，但前此尚未迎来第一个发展高潮。二是发展历史已经较长的，如天文、数学、医学、纺织、机械、农学等，它们的第一个或第二个发展高潮已经过去，但在长期实践中，又积累了许多新的知识，并正待迎接新的发展高潮。三是发明年代较早的，其第一个、第二个发展高潮皆已过去，但此时尚无条件迎接新的发展高潮。如钢铁技术，迄至东汉，我国古代以"高炉炼铁、炒炼法和灌炼法制钢"为中心的基本技术体系已经形成，其生产能力较强，社会尚未对钢铁的产量和质量提出更高的要求；魏晋南北朝时，它不需要，也不可能出现大的飞跃。所以我们以为第一、第二类学科，此期获得一些发展，第三类学科发展较少，都是不难理解的。在我国古代社会中，谁都知道唐代是比较繁荣、长时期较为安定的，但其钢铁工艺仍无太多创新，因其仍在经历着量变的积累过程。

2. 相对而言，此期北方虽较混乱，但南方还是较为安定的，虽有六朝依次更替，但并未形成长时期的混战；北方在北魏统一（439）后，亦出现了相对安定的局面，这对科学技术的发展无疑是有益的。

3. 某些特殊的需要，往往会促进一些特殊部门的发展。如战争需要的锋利的刀剑，于是促进了百炼钢及其刀剑之兴盛；屯田、漕运的发展，也促进了水利事业和航运机械的发展；为了适应蜀地山地运输和满足北伐之需，诸葛亮主持创制了木牛流马；中外交流的发展，为丝绸业开拓了更为广阔的市场，自然会促进纺织技术的提高。汞化学、铅化学则是由于炼丹术之兴盛而更加发展起来的。

4. 我国人民具有坚韧不拔和不断进取的精神，使其在任何艰难困苦的情况下，都保持着旺盛的创造力。在欧洲，在整个中世纪都是缺乏这

七、结语

259

种创造力的。

　　总之，魏晋南北朝科学技术的发展，主要是由其自身内在规律决定的，外部条件自然也起了一定作用。

ISBN 978-7-5439-8530-8

9 787543 985308 >

微信号：shkjwx

定价：98.00元

http://www.sstlp.com